임베스트
정보통신기술사
통신이론편

임베스트
정보통신기술사
통신이론편

임호진 · 임병광 · 윤성한 지음

이담
Books

임베스트 정보처리기술사(www.LimBest.com)

· 정보처리기술사 온톨로지 학습기 개발 및 특허출원
  (Open 10개월 만에 300명이 넘는 신청)
· 정보처리기술사 학습방법, 과목별 범위, 기술사 효과 및 진로 등 다양한 정보 제공
  (국내 최저비용의 정보처리기술사 학습 66만 원)

저자소개
임호진

現) SPE 기술사 컨설팅 CEO, 서울과학기술대학교 박사 수료
   한국 공인감리단 감리원, ISMS 인증심사원

LIG시스템·한국IBM SCC 차장, 동양종합금융증권 과장
74회 정보관리기술사, 수석감리원, PMP, ITIL, MCSE, OCP,
투자상담사, 교원자격
limhojin@lycos.co.kr
010-9043-5223

경력
- IBM SCS: 건강보험심사평가원 차세대 DW 구축 컨설팅
- 동양종합금융증권: 차세대 금융시스템(ISP/EA/SOA), 홈 트레이딩 시스템, 고객접점 CRM, 온라인 경영정보시스템 외 다수
- 일본 NTT Data, NTT DoCoMo CTI 프로젝트
- 토지개발공사, 소방방재청 외 다수 감리

강의
- 정보처리기술사 수검전략, 정보보안, 경영, 소프트웨어공학, 데이터베이스, 네트워크, 컴퓨터 구조, 보안 등 전 부분 강의(8년)
- OWASP(The Open Web Application Security Project) 대응방법 강의
- 삼성전자: 소프트웨어 분석설계 강의
- 비트컴퓨터: 소프트웨어 공학 강의
- 중소기업협회: 정보시스템 보안 강의
- 행정안전부: IT 프로페셔널, IT 최신 기술 강의

저서

- 나눔 정보보안기사 · 정보보안산업기사초급자 해설서
- 임베스트정보보안기사 · 정보보안산업기사
- 임베스트 CISSP
- 임베스트 CISA
- 임베스트 정보처리기술사 소프트웨어 공학 3.0
- 임베스트 PMP(프로젝트 관리)
- 정보처리기술사 보안 3.0
- 정보처리기술사 소프트웨어공학 3.0
- 정보처리기술사 DB 3.0
- 정보처리기술사를 위한 IT 산업 정보시스템
- 정보처리기술사 수검전략(세리 기술사회에서 추천하는)
- 정보처리기술사 디지털 데이터 매니지먼트
- 정보처리기술사 기출문제 해설집
- 정보처리기술사 합격전략서
- 정보처리기술사 핵심문제 해설집 1편
- 정보처리기술사 핵심문제 해설집 2편
- 정보처리기술사 핵심문제 해설집 3편
- 정보시스템감리사 합격전략서
- 정보시스템감리사 기출문제 해설집 1편
- 정보시스템감리사 기출문제 해설집 2편
- Advanced Oracle Database 활용과 튜닝
- 고성능 데이터베이스 구축 방법론
- CEO의 관점으로 IT를 바라보자
- FP를 활용한 소프트웨어 비용산정 기법
- IT 투자평가 프로세스

수상

- 총기 전산화 시스템 구축으로 사단장 표창
- MMDB 구축 사례 공모전 대상

논문

- 추계 IT 서비스 학회: 금융권 EA기반의 SA 구축
- 대한 산업공학회: 금융권 MMDB 구축 사례

저자소개

임병광

現) 한국정보기술단 근무

정보통신기술사, 통신설비기능장
BS 10012, ISO 27001 국제인증심사원
한림성심대학교 정보통신네트워크과 출강
1999년 중소기업현장산업기술인 증서 수상

저자소개

윤성한

現) KT 엔지니어링단 근무

정보통신기술사
성균관대학교 정보통신대학원 정보통신공학석사
한국방송통신전파진흥원 국가자격 시험위원
고용노동부 직업능력개발훈련교사
대한민국 대통령경호처 표창 수상

머리말

처음 기술사 시험을 시작할 때가 생각이 난다. 주위에 도움을 받을 기술사도 없었고 시험을 준비하기 위한 자료도 충분하지 않았다.

쉽게만 생각했던 시험에서 몇 번의 고배를 마셨고, 통신이론 부분과 엔지니어링 부분을 뛰어넘지 못하면 합격이 어렵다는 것을 알았다.

힘든 시기에 나를 지탱하게 해준 건 함께 준비하는 수험생들과 진리에 대한 탐구심이었다.

어떻게 하면 통신의 전문적이고 학문적인 이론과 수치를 실제 설계와 엔지니어링에 적용시킬 수 있을까를 많이 고민했던 시기였다.

이 책은 통신의 기본원리와 식을 통해서 계층적이고 논리적으로 사고하게 하는 힘, 즉 엔지니어링하는 힘을 키워주는 데 목적이 있다.

기술사 시험 전 범위를 백과사전처럼 나열하기보다는 도움이 되었던, 그리고 기술사 시험에 필요한 필수 통신이론의 수학적 식의 의미를 새롭게 해석하고, 또 그 과정을 통해서 기술사 시험을 준비하는 분들이 합격에 보다 다가갈 수 있도록 기술사로서 책임과 의무감을 느껴서 도움이 되었던 내용을 중심으로 함께 이 책을 집필하게 되었다.

여기에 있는 통신이론과 엔지니어링은 기술사 시험에 맞춰 집필하였으므로 그 어느 하나 중요하지 않은 부분이 없을 것이라 생각한다.

최종적으로 합격을 하기 위해서는 수학적 식 기초가 튼튼해야 함을 잊지 말길 바라며 이론과 실제에 보다 친숙해지는 계기가 되기를 바란다.

본 교재의 내용은 학술적이기보다는 엔지니어링에 더 가깝다는 것을 강조하고 싶고 다시 한 번 기술사 시험에 최적화시켰다는 점을 이해하여 주었으면 한다.

끝으로 이 책이 나오기까지 충고와 도움을 주신 임호진 기술사님과 배려해 준 가족에게 감사를 드리고 기술사를 공부하는 분들께 작은 도움이 되었으면 한다.

임베스트 패밀리는 아래와 같이 IT자격증에 대한 전문 사이트를 운영하고 다양한 정보를 제공하고 있습니다.

❖ 임베스트& 세리 정보처리기술사 및 정보시스템 감리사

 - www.seirigisulsa.com(기술사 오프라인 학습)

 - www.Limbest.com(기술사 및 감리사 e-Learning 통합 교육)

 - www.serigamrisa.com(감리사 오프라인 학습)

❖ 임베스트 정보보안전문가

 - www.Boangisa.com(정보보안 기사 및 정보보안 산업기사 자격 취득 준비)

 - www.LimBestcisa.com(CISA 자격 취득 준비)

 - www.LimBestcissp.com(CISSP 자격 취득 준비)

❖ 임베스트 PMP

 - www.LimBestpmp.com (PMP 자격 취득 준비)

 CISSP, CISA, 정보보안기사, PMP, 정보처리기술사 및 정보시스템감리사, 정보통신 기술사 학습 도중에 궁금한 점이 있으면 언제든 연락 바랍니다.

 여러분께 합격의 영광이 있기를 바랍니다.

저자 일동

목차

1. 신호

1.1 개요
- 통신시스템은 정보를 전기적인 신호 형태로 표현
- 신호는 정보를 전달하는 파형
- 여러 가지 기준으로 분류

1.2 신호의 분류
- 예측성 관점에서 확정적 신호와 랜덤 신호로 분류

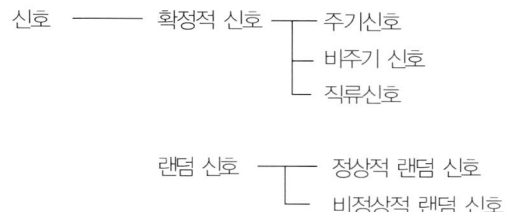

1.2.1 확정적 신호
- 신호가 발생하기 전에 미리 그 신호 값을 알 수 있는 신호
- 신호의 파형을 명확한 시간함수로 표현 가능(수학적 표현 가능)

(1) 주기적 신호

$$f(t) = f(t + nT)$$

- 일정한 주기 T 마다 동일한 파형을 무한히 반복하는 시간함수
- 푸리에 급수로 해석

(2) 비주기적 신호

$$f(t) \neq f(t + nT)$$

- 주기 T가 존재하지 않는 신호
- 푸리에 변환으로 해석

(3) 직류 신호

1.2.2 비확정적(랜덤) 신호
- 신호가 발생하기 전에는 그 신호를 전혀 예측할 수 없는 신호
- 수식으로 표현 불가능(확률·통계적 표현)

(1) 정상적 랜덤 신호
- 통계적 성질이 시간에 따라 변화가 없는 랜덤 신호

(2) 비정상적 랜덤 신호
- 통계적 성질이 시간에 따라 변화가 있는 랜덤 신호

☞ 멘토 기술사

신호는 정보를 전송하는 물리적인 양으로 통신회로, 시스템 설계 시 정량적인 전력분포와 주파수 성분의 해석이 필요합니다.
신호의 전력분포는 송신기의 출력, 시스템의 소모전력, 전송거리, 커버리지와 관계되며 주파수 성분은 Bit Rate와 케이블 선정, 주파수 대역할당 등 구축비와도 밀접한 관계가 있기 때문입니다.

---

2. 에너지 신호와 전력 신호

2.1 개요
- 신호의 크기를 표현하는 경우 신호가 점유하는 면적으로 나타낼 수 있으나 '+' '−' 면적이 상호 상쇄되어 크기를 표현할 수 없으므로 제곱을 취하여 크기를 표시한다.
- 전력은 송신기에서 송신전력의 기준이 되며, 에너지는 통신시스템의 성능을 나타내는 지표 중 하나이다.

2.2 에너지 신호
- 신호가 비주기적인 경우 신호의 크기를 에너지로 표시
- 에너지 신호는 유한 에너지를 가지는 신호를 의미

$$E = \int_{-\infty}^{\infty} |f(t)|^2 \cdot dt < \infty$$

- 에너지는 전력에 사용 시간을 곱한 형태
- 통신시스템의 성능(E_b/N_0)은 수신 신호의 에너지 크기에 의존
- 종류 : 양측 지수함수($e^{-|t|}$), 가우시안함수(e^{-t^2}), 구형파

2.3 전력 신호
- 신호가 주기적인 경우 신호의 크기를 전력으로 표시
- 전력 신호는 유한 전력이면서, 무한 에너지를 가지는 신호를 의미

$$P = \frac{1}{T} \int_{-\frac{T}{2}}^{\frac{T}{2}} |f(t)|^2 \cdot dt$$

- 전력은 에너지가 단위 시간당 전달되는 비율
- 송신기에서 공급해야 할 전압을 결정, 무선시스템에서는 전파의 세기를 결정
- 종류 : 정현파, 여현파, 지수함수

※ 참고

기본 신호함수 중 Ramp 함수, Impulse 함수는 에너지 신호도, 전력 신호도 아니다.

2.4 에너지 신호와 전력 신호 비교

	에너지 신호	전력 신호
신호형태	비주기 신호	주기 신호
단 위	$[J]$	$[W]$
관 계	$J = W \cdot S$	$W = \dfrac{J}{S}$
용 도	통신시스템 성능 지표	전자파 세기 결정
종 류	양측지수·가우시안 함수	정현파, 여현파, 지수함수

2.5 맺음

- 주기 신호는 무한 반복되는 신호로 에너지가 무한하며, 비주기 신호는 주기가 없으므로 평균전력을 계산하지 못함.
- 통신시스템에서는 에너지 신호, 전력 신호의 여부에 따라 신호의 성질이나 해석 방법이 확연히 구분

☞ 멘토 기술사

기술사 관점에서는 신호세기와 속도, 가격, 성능과의 최적의 관계를 찾아내고 송수신기 간 구간별 신호를 전력 또는 에너지 신호로 해석하실 수 있어야 합니다.

주기신호는 에너지로 해석하면 ∞ 가 되고 비주기신호를 전력으로 해석하면 무조건 0이 나오므로 신호해석에 주의해야 할 것입니다.

전력 신호는 신호와 잡음 관계라면 에너지 신호는 비트에러와 관계가 있으므로, 디지털변조를 예로 들면 모뎀에 입력되는 신호는 에너지 신호 E_b/N_0 로 해석하고

모뎀에서 변조되어 출력된 전송구간 신호는 $\dfrac{C}{N} = \dfrac{E_b}{N_0} \cdot \dfrac{R_b}{B}$ 로 해석합니다.

3. 푸리에 변환(Fourier Transform)

3.1 개요
- 통신시스템은 전달하고자 하는 정보를 전기적인 신호 형태로 표현
- 신호의 파형을 명백한 시간함수로 표현할 수 있는 확정적 신호에는 주기 신호와 비주기 신호가 있음
- 주기 신호는 삼각함수의 합으로 나타내는 푸리에 급수로 해석
- 비주기 신호는 시간 영역에서 주파수 영역으로 변환하는 푸리에 변환으로 해석

3.2 푸리에 변환 및 역변환
(1) 푸리에 변환
- 비주기 시간 영역의 함수를 주파수 영역의 함수로 변환

$$F(f) = F[f(t)] = \int_{-\infty}^{\infty} f(t) \cdot e^{-j2\pi ft} \cdot dt$$

(2) 푸리에 역변환
- 주파수 영역의 함수를 시간 영역의 함수로 변환

$$f(t) = F^{-1}[F(f)] = \int_{-\infty}^{\infty} F(f) \cdot e^{+j2\pi ft} \cdot df$$

3.3 디리클레(Dirichlet) 조건
- 푸리에 변환이 존재하기 위한 충분조건을 말하며, 필요조건은 아님
- 불연속점을 가져도 되나 한 주기 간의 그 수는 유한개이어야 함
- 파형이 많은 변동을 하여도 좋으나 한 주기 간의 최대 점, 최소 점의 수는 유한개이어야 함
- $\int_{0}^{T} |f(t)| \cdot dt$ 가 유한값을 가져야 함

3.4 푸리에 변환의 중요한 성질
(1) 선형성

$$af_1(t) + bf_2(t) \leftrightarrow aF_1(f) + bF_2(f)$$

- 다수의 신호가 서로 독립되어 서로 간에 간섭을 주지 않는 중첩의 정리가 성립
- 즉, 신호의 선형적인 합의 푸리에 변환은 각각의 변화를 선형적으로 합한 것과 같음

(2) 척도 변환

$$f(at) \leftrightarrow \frac{1}{|a|}F\left(\frac{f}{a}\right)$$

- 시간함수의 시간간격을 a배 확대하면 주파수 영역에서는 주파수 대역 축소로, 시간간격을 a배 축소하면 주파수 영역에서는 주파수 대역의 확대로 나타남
  (저속 ↔ 협대역, 고속 ↔ 광대역)

(3) 주파수 이동성(변조의 정리)

$$f(t) \cdot e^{+j2\pi f_0 t} \leftrightarrow F(f - f_0)$$

- 시간 영역의 원래 함수에 복소지수함수 $e^{+j2\pi f_0 t}$를 곱하면 주파수가 천이되는 효과를 나타냄(위상이 $e^{j2\pi f_0}$만큼 빨라짐을 의미)

(4) 시간 이동성

$$f(t - t_0) \leftrightarrow F(f) \cdot e^{-j2\pi f t_0}$$

- 시간 영역에서 t_0만큼 천이된 시간함수의 푸리에 변환은 시간 영역 원래 함수의 푸리에 변환에 복소지수함수를 곱한 것과 같음(위상이 e^{-t_0}만큼 늦어짐을 의미)

(5) 중첩적분(Convolution)

$$f_1(t) * f_2(t) \leftrightarrow F_1(f) \cdot F_2(f)$$
$$F_1(f) * F_2(f) \leftrightarrow f_1(t) \cdot f_2(t)$$

- 시간 영역에서 2개 함수의 중첩적분은 주파수 영역에서 각각 스펙트럼의 곱과 같으며
- 시간 영역에서 2개 함수의 곱은 주파수 영역에서 각각 스펙트럼의 중첩적분과 같음

(6) 시간 미분

(7) 시간 적분

주기적인 구형파 등 신호파형은 어떠한 모양의 파형이라도 직류성분, sin 성분 및 cos 성분의 기본파와 고조파로 만들어 낼 수 있음을 말합니다.

하나의 sin파라고 단순하게 말하지만, 하나의 진동에 의한 신호파가 발생하면 하나처럼 보이는 신호파는 사실 무수한 고조파가 같이 발생하는 것을 알아야 합니다. 그래서 채널에서 일정대역이 필요한 것이죠.

수신 장비에서 Detection 기능과 Filter 성능을 중요하게 생각하고 송신기에서 IMD(Inter Modulation Distortion)에 대한 대책이 필요한 것입니다.

4. Convolution(중첩적분)

4.1 개요
- 콘벌루션은 두 개 함수의 중첩적분을 의미
- 시간 영역 또는 주파수 영역에서 시스템과 신호, 신호와 신호의 분석 방법
- 시스템 출력이나 필터 해석에 유용하게 응용

4.2 Convolution

(1) 개념
- 두 개의 함수를 스펙트럼 영역(또는 시간 영역)에서 엇갈리게 적분하여 하나의 함수가 되는 것

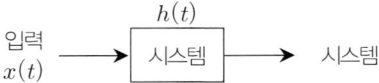

- 출력 $y(t)$는 입력 $x(t)$와 시스템 임펄스 응답 $h(t)$과의 Convolution

(2) 표현식

$$y(t) = x(t) * h(t) = \int_{-\infty}^{\infty} x(\tau) h(t-\tau) d\tau$$

- 출력은 시간 천이된 임펄스 응답에 대한 가중 합

(3) 특징
- 같은 영역의 신호에 대한 해석법
- 계산적 방법과 도식적 방법으로 구할 수 있음
- 시간영역에서 중첩적분은 주파수 영역에서 곱과 같고 시간영역에서 곱은 주파수 영역에서 중첩적분과 같음
- 교환 법칙이 성립

(4) 응용
  − 시스템 및 시스템 출력 해석
  − 디지털 필터 및 아날로그 필터 해석
  − 임펄스 응답 등에 사용

4.3 도식적 해석(방법)

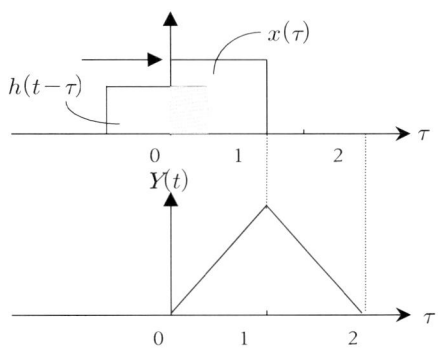

(1) Folding : 두 개의 신호 중 하나를 y축 대칭 이동
(2) Shifting : $-\infty$에서 ∞까지 천이
(3) Multiplication : 각각의 점에서 곱
(4) Integration : 곱의 면적을 적분

4.4 물리적 의미
  − 선형, 시불변, 연속시스템에서 출력은 입력과 그 시스템의 임펄스 응답과의
    Convolution
  − 따라서 Convolution은 시스템이나 필터의 해석에 있어서 유용

4.5 활용(응용)
  (1) 시스템 해석의 응용

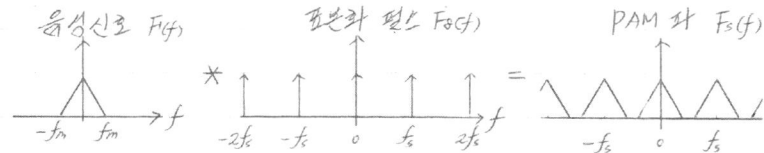

$x(t) = \delta(t)$

$\delta(t)$

$h(t)$

시스템

$y(t) = \delta(t) * h(t)$
$= h(t)$

- 시스템에 단위 임펄스를 인가하면 출력은 $h(t)$와 같게 되므로 시스템을 시험할 수 있음

(2) 표본화 정리의 해석

음성신호 $F(f)$

$-f_m$　f_m

표본화 펄스 $F_\delta(f)$

$-2f_s$　$-f_s$　0　f_s　$2f_s$

PAM 파 $F_s(f)$

$-f_s$　0　f_s

- 음성 신호와 표본화 펄스의 스펙트럼을 Convolution 하면 PAM 파의 스펙트럼을 얻을 수 있음
- 즉, 시간 영역에서의 곱은 주파수 영역에서 Convolution으로 나타남

　$(f_s(t) = f(t) \cdot f_\delta(t) \ \rightarrow \ F_s(f) = F(f) * F_\delta(f) \ )$

여기서 정말 중요한건 τ로 적분을 한다는 거죠. 이건 τ 구간에서 적분을 한다는 걸 아셔야 합니다.

순수 이론, 즉 수학적 해석만으로 끝나면 기술사 시험에는 도움이 되지 않습니다.

개념을 이해하고 그 이론이 어떻게 현실에 활용되어 인간에게 도움이 되는지까지를 아셔야 합니다. 기술사 공부도 궁극적으로는 인간을 향해야 합니다.

Convolution의 타우의 개념과 t가 무엇을 의미하는지가 중요합니다.

쉽게 예를 들면 "사람"이라는 단어를 보면 어떤 사람인지, 과거의 사람인지, 미래의 사람인지를 모릅니다. 그런데 t가 붙는 순간 "사람t", 현재 살아서 숨 쉬고 있으며 삶이 진행 중인 것을 뜻합니다.

즉 소문자 t가 붙은 걸 보자마자 생각해야 할 것이 흐르는 물처럼 진행을 의미한다는 걸 아셔야 합니다. 흐르는 물을 표현해 보실래요? 그냥 '물t' 이러면 흐르는 물이라고 생각하실 있어야 한다는 거죠.

Convolution을 보면 겹쳐지는 면적의 곱(2차원 해석)을 하나의 숫자(1차원 해석) 값으로 해서 그 값이 시간의 흐름에 어떻게 변화하는지를 나타내는 것입니다.

개념과 원리를 쉽게 이해하려고 노력해야 합니다. 감이 오는 순간 '아! 이거구나' 하는 깨달음을 느낀 후에 수식을 보면 안 보이던 현실이 눈앞에 나타나는 거죠.

수식 뒤의 화려한 영상이 보이면 통신이론이 친근하게 느껴지실 겁니다. 곰곰이 이 말의 뜻을 이해해 주시기 바랍니다.

그럼 Convolution은 어디에 활용되느냐?

신호 또는 채널의 대역폭을 알 수 있습니다.

케이블대역폭(예: 도로), 신호의 대역폭(예: 차 크기)을 알 수 있으므로 통신설계에 있어서 많은 부분이 풀리게 되는 거죠.

시스템의 필터가 있다면 어느 주파수대역을 제한하는 필터인지도 알 수 있고 반대로 필요한 대역의 필터를 L,C 소자의 특성 값을 조정함으로써 제조할 수도 있는 겁니다.

필요한 케이블과 필요한 신호를 만들어 내기 위해서는 이런 Convolution 개념이 바탕에 깔려 있는 겁니다. 그렇기 때문에 시험에도 출제가 되는 거구요.

임펄스 응답(Impulse Response)이 아닌 신호주기와 같은 펄스의 Convolution은 디지털 수신기의 정합필터에 활용되는 거죠.

이렇게 보면 송수신 시스템, 채널, 신호까지 주파수 대역관점의 해석이 용이하게 됩니다.

시간 축에서 신호를 아무리 곱해도(물감을 섞어버린 것처럼) 해석이 안 되는데 주파수 축으로 옮겨서 보면, 섞기 전 물감 색상이 짠! 하고 보이게 되기 때문에 시간 축에서의 곱을 주파수 축의 Convolution으로 해석하는 겁니다.

5. 임펄스 응답과 전달 함수

5.1 개요
- 임펄스는 주파수 영역에서 전 주파수 대역을 가지고 있는 신호로 시스템의 분석에 유용하게 사용
- 임펄스 응답은 시스템에 입력으로 임펄스 신호를 인가하여 얻은 출력 응답
- 임펄스 응답의 푸리에 변환을 주파수 전달함수라고 하며, 시스템의 주파수 특성을 알 수 있음

5.2 임펄스 함수

크기 : ∞

너비 : $\dfrac{1}{\infty}$

면적 : 1

우함수 : $\delta(t) = \delta(-t)$

천이성 : $\displaystyle\int_{-\infty}^{\infty} f(t) \cdot \delta(t-t_0) \cdot dt = f(t-t_0)$

5.3 임펄스 응답

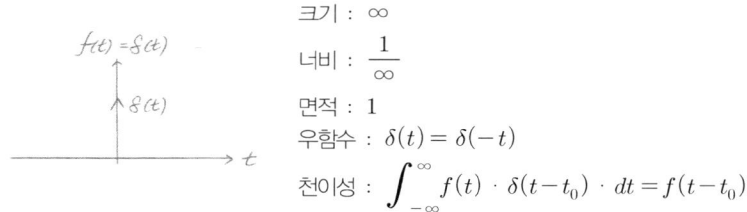

- 입력 $x(t)$에 단위 임펄스 $\delta(t)$를 가했을 때의 출력응답을 임펄스 응답이라 하며,
- 출력 $y(t)$는 시스템 응답 $h(t)$와 같게 되므로 시간 영역에서 단위 임펄스를 인가하여 시스템을 시험할 수 있음

$$y(t) = x(t) * h(t) = \delta(t) * h(t) = h(t)$$

5.4 전달 함수(시스템 함수)

- 시스템의 출력 $y(t)$로부터 전달함수를 구함

$$y(t) = x(t) * h(t) \rightarrow Y(f) = X(f) \cdot H(f)$$

※ 참고

임펄스 응답($h(t)$)과 주파수 전달함수($H(f)$)는 푸리에 변환 관계이다.

- 따라서, $H(f) = \dfrac{Y(f)}{X(f)}$

- $H(f)$는 시스템의 주파수 특성을 나타내는 것으로 $h(t)$의 전달함수 또는 시스템 함수

☞ 멘토 기술사

임펄스라고 하는 건 시간 도메인에서는 번쩍! 하는 겁니다. 번쩍한다는 건 전력이 순간 무한대이며 발생시간이 무한소에 가까운 극히 짧은 시간에 전압이 무한대에 가까운 신호입니다.

이해하셨죠? 그런 임펄스가 시스템의 입력으로 들어가서 출력으로 나오게 된 그 신호, 출력으로 나온 바로 그 신호를 임펄스 응답이라고 합니다.

왜 하냐구요? 임펄스 응답을 확인해서 어떤 시스템인지를 알게 되기 때문입니다.

그런데 사실은 여기서 문제가 발생합니다. 임펄스 응답은 수많은 주파수가 섞여 있어 시간 도메인에서는 신호의 변형만 확인할 뿐 감을 못 잡는 거죠. 계산도 복잡하구요.

그래서 푸리에 변환(시간 영역에서 주파수 영역으로 넘어가는 것)을 통해서 같은 신호를 주파수 축으로 옮기게 됩니다. 임펄스를 주파수 축으로 옮기면 전 주파수 대역에 일정한 크기의 전압이 나타나는 신호를 시스템에 넣고 시스템에서 나오는 출력 주파수 대역을 보고 시스템의 통과 대역 알게 되는 겁니다. 시스템의 성능을 알 수 있는 거죠.

그리고 다시 역 푸리에 변환(항상 주파수 영역에서 시간 영역으로 넘어가는 것)을 통해서 시간영역으로 와서 시스템 파형을 만들어 인간이 쉽게 느낄 수 있게 보여주는 겁니다.

곰곰이 잘 생각하셔서 감을 잡으시기 바랍니다.

또 하나 시간 축에서의 시간지연은 주파수 축에서 위상지연으로 나타난다는 것도 같이 생각해 보시기 바랍니다.

6. Correlation(상관함수)

6.1 개요
- 통신채널을 전파하는 신호파형은 시간적으로 변동하는 모양이 다르기 때문에 시간평균, 분산 등으로 랜덤과정의 특징을 충분히 표현할 수 없으므로 시간 변동의 차이를 나타낼 수 있는 상관함수가 사용
- 상관함수는 신호 상호 간 유사성을 나타내는 척도이며, 자기상관함수와 상호상관함수로 분류

6.2 상관함수
(1) 개념
- 시간 영역에서 두 신호 사이에 상호 연관성을 나타내는 척도
- 자기상관함수와 상호상관함수가 있음

(2) 표현식

$$R(\tau) = x(t)\, corr\, h(t) = \int_{-\infty}^{\infty} x(t) \cdot h(t+\tau)dt$$

- 절차 : Shifting → Multiplication → Integration

(3) 특징
- 자기상관함수와 상호상관함수로 표현
- 잡음에 가려진 신호를 검출하는 데 유용
- 상관함수의 Fourier 변환과 Convolution의 Fourier 변환은 같음
- 상관함수의 Fourier 변환은 전력밀도스펙트럼
- 원점에서 최댓값을 갖는 우함수
- $\tau = 0$일 때 자기상관함수 값은 시스템의 평균전력

(4) 응용
- 시스템의 평균전력 및 분석
- Power Spectrum Density

- System의 Analysis

6.3 자기상관함수와 상호상관함수

구 분	자기상관함수	상호상관함수
개 념	동일한 두 신호에 대해서 시간지연으로 발생하는 유사성과 차이점 구분 척도	서로 다른 두 신호에 대해서 시간지연으로 발생하는 유사성과 차이점 구분 척도
일반식	$R_{xx}(\tau) = \int_{-\infty}^{\infty} x(t) \cdot x(t+\tau)dt$	$R_{xy}(\tau) = \int_{-\infty}^{\infty} x(t) \cdot y(t+\tau)dt$
용 도	평균전력 계산, PSD, 동기 · PN코드 일치여부 판단	신호와 잡음의 간섭정도 판단, SNR 계산

6.4 일반적인 성질

- $R_{xx}(\tau) = R_{xx}(-\tau)$: 자기상관에서의 대칭성
- $R_{xy}(\tau) = R_{xy}(-\tau)$: 상호상관에서의 대칭성
- $R_{xx}(0) \geq R_{xx}(\tau)$: $\tau=0$ 일 때, 최댓값을 가짐
- $R_{xx}(\infty) = 0$: 평균값이 '0'인 비주기함수 자기상관 값은 '0'
- $R_{xx}(\tau) \leftrightarrow G_{xx}(f)$: 자기상관함수의 푸리에 변환은 전력밀도스펙트럼

6.5 물리적 의미

- 푸리에 변환은 시간에 대한 함수로 표현할 수 있는 결정적인 신호에 대해서만 가능
- 전력 신호, 랜덤 신호에서는 시간에 대한 함수 표현이 일반적으로 어려워 그 신호의 통계적 정보로부터 자기상관함수를 구할 수 있으므로 자기상관함수로부터 전력 신호, 랜덤 신호의 PSD를 결정
- 결과적으로 자기상관함수는 전력 신호와 랜덤 신호들에 대한 푸리에 일반식으로 간주할 수 있음

Correlation, Convolution 등 입력신호를 어떤 목적을 달성하기 위하여 디지털적으로 처리하는 것을 DSP(Digital Signal Processor)라 하고 반도체 안에서 처리됩니다.

예전 다이오드, 콘덴서, 저항 등 회로소자들이 하던 일이 DSP 처리되면서 단말기 내구성이 많이 좋아졌습니다.

Correlation은 연관성이라는 뜻을 가집니다.

이동통신에서는 송신신호와 수신신호 간에 연관성을 나타내는데 자기 상관관계는 높고 상호상관관계는 낮게 나오는 것이 좋은 것입니다.

7. Convolution과 Correlation

7.1 개요
- 시간영역에서 신호를 분석하거나 해석하는 방법
- 콘벌루션은 중첩적분을, 상관함수는 신호 사이 유사성을 나타내는 척도

7.2 Convolution
(1) 개념(정의)
- 두 개의 함수를 스펙트럼 영역(또는 시간 영역)에서 엇갈리게 적분하여 하나의 함수가 되는 것

(2) 표현식

$$y(t) = x(t)*h(t) = \int_{-\infty}^{\infty} x(\tau) \cdot h(t-\tau)d\tau$$

- 절차: y축 Folding $\rightarrow$ Shifting $\rightarrow$ Multiplication $\rightarrow$ Integration

(3) 응용
- 시스템 해석 / 시스템 출력 해석
- Digital & Analog Filter 해석
- Impulse 응답 /

7.3 Correlation
(1) 개념(정의)
- 한 신호와 그 신호를 τ만큼 지연시켜 신호를 Matching시키는 과정
- 시간 영역에서 두 신호 사이의 상호연관성 나타내는 함수
- 자기상관, 상호상관

(2) 표현식

$$R(\tau) = x(t)\,corr\,h(t) = \int_{-\infty}^{\infty} x(t) \cdot h(t+\tau)dt$$

─ 절차 : Shifting → Multiplication → Integration

(3) 응용
─ System의 평균전력
─ Power Spectrum Density
─ System의 Analysis

7.4 Convolution과 상관함수 비교

항목	Convolution	Correlation
정의	$y(t) = \int_{-\infty}^{\infty} x(\tau) \cdot h(t-\tau)d\tau$	$R(\tau) = \int_{-\infty}^{\infty} x(t) \cdot h(t+\tau)dt$
개념	두 개의 함수를 동일 영역에서 엇갈리게 적분하여 하나의 함수로 융합	시간 영역에서 두 신호 사이의 유사성
용도	① System 해석 ② Impulse 응답	① Power Spectral Density ② 평균전력

8. 전력밀도스펙트럼(Wiener-Khintchine 정리)

8.1 개요
- 랜덤 신호는 파형의 불규칙성으로 인해 진폭의 평균값을 구하는 것은 의미가 없으므로 어떤 시간구간 내의 평균전력을 구해야 함
- 전력밀도스펙트럼을 적분하면 평균전력을 얻을 수 있으며, 전력밀도스펙트럼은 자기상관함수를 푸리에 변환하면 얻을 수 있는데 이를 위너-힌친(Wiener-Khintchine) 정리라 함

8.2 전력밀도스펙트럼
(1) 정의
- 전력밀도스펙트럼은 [$Watt$/Hz]로 1[Hz] 내에 들어 있는 전력을 의미
- 랜덤과정의 스펙트럼을 표현할 때는 자기상관함수를 푸리에 변환하여 전력밀도스펙트럼을 얻을 수 있음

$$\text{전력밀도스펙트럼} = F[\text{자기상관함수}]$$

- 이 관계가 위너-힌친 정리

(2) 표현식

$$G_{xx}(f) = \int_{-\infty}^{\infty} R_{xx}(\tau) \cdot e^{-j2\pi f\tau} \cdot d\tau$$

- 전력밀도스펙트럼은 자기상관함수를 푸리에 변환하면 얻을 수 있음

8.3 평균전력
(1) 정의
- 주기적인 신호는 에너지 개념으로 설명할 수 없으므로 신호의 에너지를 시간평균 에너지로 나타내는 것을 이용
- 평균전력은 시간평균 에너지

$$\text{평균전력} = \int \text{전력밀도스펙트럼}$$

(2) 표현식

$$P = \int_{-\infty}^{\infty} G_{xx}(f) \cdot df = R_{xx}(0) = E[X^2(t)]$$

- 평균전력은 전력밀도스펙트럼을 적분하면 얻을 수 있음($R_{xx}(0) = E[X^2(t)]$, 원점
  에서의 자기상관함수 값은 제곱평균 즉, 평균전력과 동일)

☞ 멘토 기술사

통신시스템의 중요한 목적은 신호를 강화시킴과 동시에 잡음을 억제하는 것입니다. 좀 더 구체적으로 말하면, 시스템의 출력 신호전력의 감소 없이 출력 잡음전력만 감소시키는 것이 중요하며 주파수 도메인에서의 평균전력밀도스펙트럼(Average Power Density Spectrum)을 분석하는 것이 중요합니다.
이해하셔야 될 것이 전력은 단위시간당 전류가 할 수 있는 일의 양으로 정의할 수 있습니다.
또한 자기상관함수 값은 제곱평균 즉 평균전력과 동일합니다.
P=VI로 구할 수 있으나 직류가 아닌 경우는 자기상관함수로 구하는 것이 더 쉽습니다.
평균전력은 순간전력들을 시간 평균화한 값으로 쉽게 이해하시려면 높은 곳은 누르고 낮은 곳은 메워서 평탄하게 했을 때의 값입니다. 당연히 시간적으로 일정하겠죠?

---

9. Parseval 정리

9.1 개요
- 신호 $f(t)$ 가 시간 영역에서 갖는 에너지 또는 전력은 주파수 영역에서의 에너지 또는 전력과 동일

9.2 Parseval 에너지 정리
- 시간이 $-\infty$ 에서 ∞ 까지 비주기 함수의 평균전력은 '0'이며, 에너지는 유한하므로 시간 영역 에너지 신호의 총 에너지와 주파수 영역 에너지 신호의 총 에너지는 동일
- 에너지 $E = \int_{-\infty}^{\infty} |f(t)|^2 \cdot dt = \int_{-\infty}^{\infty} |F(f)|^2 \cdot df$

9.3. Parseval 전력 정리
- 주기 신호의 평균전력은 그 신호의 주파수 영역의 진폭 스펙트럼 제곱의 합과 동일
- 전력 $P = \frac{1}{T} \int_{-\frac{T}{2}}^{\frac{T}{2}} |f(t)|^2 \cdot dt = \sum_{n=-\infty}^{\infty} |F_n|^2 = \sum_{n=-\infty}^{\infty} F_n \cdot F_n^*$

10. 시스템의 특성

10.1 개요
- 시스템은 필요한 기능을 실현하기 위하여 일련의 요소를 조합한 집합체
- 특성에 따라 선형성, 시불변성, 인과성 등으로 분류

10.2 선형 시스템(Linear System)
- 여러 입력 신호의 합성에 대한 출력이 개별 입력에 대한 출력의 합성과 같은 시스템
- 중첩의 원리가 성립, 일반적으로 1차 함수이며, y절편을 갖지 않는 시스템

$$S\{\alpha x_1 + \beta x_2\} = \alpha S\{x_1\} + \beta S\{x_2\}$$

- 동질성 $S\{\alpha x\} = \alpha S\{x\}$, 부가성 $S\{x_1 + x_2\} = S\{x_1\} + S\{x_2\}$ 의 두 특성을 동시에 만족

10.3 시불변 시스템(Time Invariant System)
- 시스템의 입력에 대한 출력이 입력의 인가 시간에 따라 변하지 않고 출력도 입력 신호와 동일한 시간만큼 지연되는 시스템

$$x(t-t_0) \rightarrow y(t-t_0)$$

- 출력함수가 시간 t에 관계되지 않는 시스템

10.4 인과 시스템(Casual System)
- 입력을 인가하기 전에 출력응답이 나타나지 않는 시스템
- 즉, 기억장치가 없는 시스템

$$h(t) = 0 \ , \ t < 0$$

- $t \leq t_0$ 인 입력에 대해서만 $t = t_0$에서의 출력응답 $y(t_0)$가 존재

10.5 LTI System

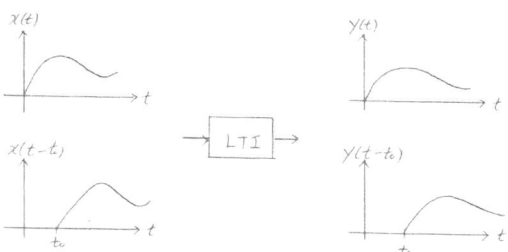

11. 이상필터(Ideal Filter)

11.1 개요
- 이상필터는 신호를 왜곡 없이 전송할 수 있는 시스템
- 임의의 주파수보다 낮은 모든 주파수 성분을 완전하게 통과시키는 저역통과필터 (LPF)와 높은 모든 주파수 성분을 완전하게 통과시키는 고역통과필터(HPF)가 있음

11.2 이상필터(LPF)의 도식적 표현

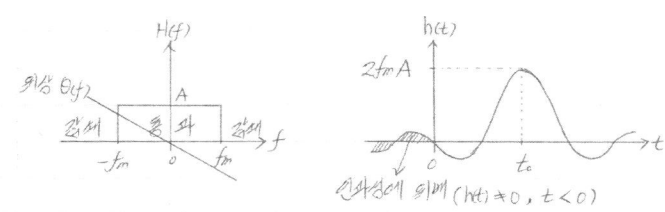

- 이상적인 LPF는 f_m보다 낮은 주파수는 통과시키고 f_m보다 높은 모든 주파수 성분은 차단시키며, 통과 주파수에 대해서 선형적인 위상응답을 가져야 함

11.3 이상적인 LPF의 전달함수
(1) 전달함수 $H(f) = A\,rect\left(\dfrac{f}{2f_m}\right) \cdot e^{-j2\pi ft_0}$
- $(-t_0)$는 위상이 t_0만큼 지연됨을 의미

(2) 임펄스 응답 $h(t) = 2f_m A\,sinc(2f_m(t-t_0))$

11.4 맺음
- 이상필터는 도식적 표현으로부터 알 수 있듯이 입력을 인가하여 출력응답 ($h(t) \neq 0$, $t < 0$)이 나타남
- 이는 인과성에 위배되어 물리적으로 실현 불가능함을 의미

※ 참고

인과성은 시스템에 입력이 가해지기 전에 출력응답을 갖지 않는 특성이다.

12. 무왜곡 전송(Ideal Distortionless Transmission)

12.1 개요
- 이상적인 전송로를 구현하기 위해서는 무왜곡 전송 조건을 만족해야 함
- 무왜곡 전송은 신호의 모든 주파수 성분에 대해서 일정한 크기의 진폭 변화와 위상 변화를 가지고 전달되는 조건
- 즉, 주파수 왜곡과 위상 왜곡이 발생하지 않는 전송조건

12.2 무왜곡 전송
(1) 개념
- 전송로의 출력신호가 입력신호에 비해 시간지연이 생기거나 다른 크기를 가질 수 있어도 왜곡 없이 전송되는 조건
- 신호 $x(t)$가 왜곡 없이 전송됐을 때의,

$$\text{출력신호 } y(t) = kx(t-t_0) \leftrightarrow Y(f) = kX(f) \cdot e^{-j2\pi ft_0}$$

$$\text{주파수 전달함수 } H(f) = \frac{Y(f)}{X(f)} = k \cdot e^{-j2\pi ft_0}$$

(2) 도식적 표현

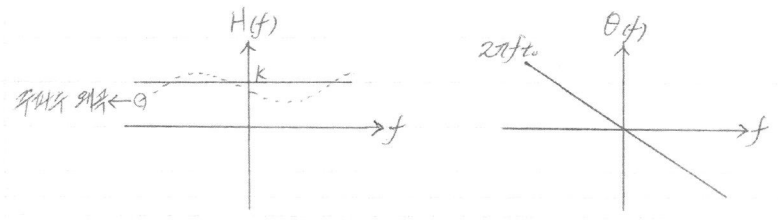

- 무왜곡 전송을 구현하기 위해서는 일정한 상수 크기의 응답과 주파수에 대해서 선형적인 위상응답을 가져야 함
- 즉, 신호의 모든 주파수 성분들이 동일한 시간지연으로 도착해야 함

12.3 전송 왜곡

(1) 주파수 왜곡
- 시스템 전달함수 $|H(f)|$ 의 진폭의 크기가 주파수에 따라 다르므로 발생
- 출력신호의 주파수 스펙트럼이 입력신호의 스펙트럼과 정확히 비례하지 않게 됨

(2) 위상 왜곡(지연 왜곡)
- 시스템의 전달함수의 위상 변화가 주파수에 따라 상이하여 발생
- 군 지연(Group Delay)은 복수개의 주파수로 구성된 신호 성분마다 다른 지연시간으로 인해 발생

13. 무왜곡 전송 조건(Heaviside 조건)

13.1 개요
- 신호를 효율적으로 전송하기 위해서는 전송되는 도중에 왜곡, 잡음, 누화 등의 전송 장애를 해결하는 것은 중요한 과제
- 무왜곡 전송조건은 특성임피던스, 감쇠정수, 전파속도가 모두 주파수에 무관하여 왜곡이 발생하지 않는 선로의 상태를 의미

13.2 전송선로의 해석
(1) 분포 정수회로

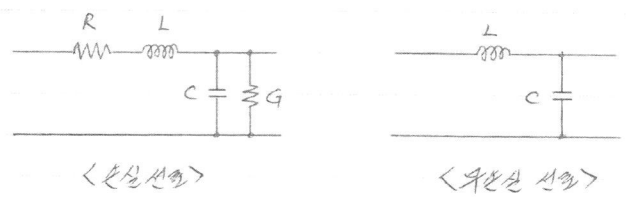

〈손실선로〉   〈무손실 선로〉

- 전송선로는 선로의 한 지점에서 R, L, C, G 성분이 집중되어 있는 등가회로로 취급 가능
- 손실선로에서 R은 도선의 저항 성분에 의한 손실이며, G는 두 도선 간의 절연불량으로 발생하는 손실
- 무손실 선로인 경우에는 $R = G = 0$ 이 되며, 도선상을 통과하는 전류는 L, C 성분에 의해서만 영향을 받음

(2) 전송선로 방정식
- 선로상에 인가된 전류와 전압이 시간에 대하여 $e^{j\omega t}$로 변화하고 있을 때, 이 선로를 따라 연속적으로 분포되어 있는 단위 길이당의

$$직렬 \ 임피던스 \ \ Z = R + j\omega L$$
$$병렬 \ 어드미턴스 \ \ Y = G + j\omega C$$

(3) 1차 정수(Primary Constant)
- R : 단위 길이당 저항$[\Omega/m]$
- L : 단위 길이당 인덕턴스$[H/m]$
- C : 단위 길이당 커패시턴스$[F/m]$
- G : 단위 길이당 누설 컨덕턴스$[\mho/m]$

(4) 2차 정수(Secondary Constant)
- 감쇠정수: $\alpha[dB/km]$
- 위상정수: $\beta[rad/km]$
- 전파정수: $\gamma = \sqrt{Z \cdot Y} = \alpha + j\beta$
- 특성임피던스: $Z_0 = \sqrt{\dfrac{L}{C}}[\Omega]$

13.3 무왜곡 전송 조건
- 특성임피던스(Z_0)가 전송 채널의 전 주파수 대역에서 일정
- 감쇠정수(α)가 전송 채널의 전 주파수 대역에서 일정
- 위상정수(β)가 전송 채널의 주파수에 선형으로 비례해서 증가($\dfrac{d\beta}{d\omega} = Constant$)

13.4 감쇠량 최소 조건
- 무손실 선로인 경우 $R = G = 0$ 으로 $RC = LG$가 되어 감쇠량 최소 조건
- 감쇠량 최소 조건을 적용하여 특성임피던스(Z_0)와 전파정수(γ)를 구하면,

$$Z_0 = \sqrt{\frac{L}{C}}, \ \alpha = \sqrt{RG}, \ \beta = \omega\sqrt{LC}, \ \gamma = j\beta = j\omega\sqrt{LC}$$

- 감쇠량 최소 조건은 무왜곡 전송 조건을 만족하므로
  '감소량 최소조건' = '무왜곡 전송 조건'

13.5 전파속도
- 파장(λ)은 선로를 진행하는 전압이나 전류의 위상이 선로상의 공간에서 $2\pi[rad]$ 변화하는 사이의 거리

$$\lambda = \frac{2\pi}{\beta}$$

- 무손실 선로인 경우의 전파속도(v)

$$v = \lambda \cdot f = \frac{2\pi f}{\beta} = \frac{1}{\sqrt{LC}}$$

13.6 실제의 선로

- 실제의 선로는 $RC \gg LG$의 관계로 $RC = LG$의 특성을 만들기 위하여 L 성분을 의도적으로 추가하여 제조한 장하 케이블을 사용
- 그러나 케이블을 PCM 전송용으로 사용할 때 의도적으로 포함시킨 L 성분이 높은 주파수 성분의 반송파를 차단하는 역할을 하게 되어 광대역 전송 시 심볼 확산 등의 문제로 더 이상 사용하지 않음

13.7 맺음

- 일반적인 선로에서는 $RC > LG$의 관계가 성립되나 $RC = LG$ 조건이 만족되면, 허수부가 '0'이 되는 조건으로 Z_0는 순수 저항성분이 되어 일그러짐이 발생하지 않음
- 따라서 무왜곡 조건 또는 Heaviside 조건이라고 함
- 특성임피던스, 감쇠정수, 전파속도가 모두 주파수에 무관하여 무왜곡 전송 조건을 만족하게 됨

위 식은 개념을 잘 알고 있어야 합니다.

λ 는 파장을 의미하며 선로를 진행하는 전압이나 전류의 위상이 선로상 공간에서 2π(rad)변화하는 사이의 거리를 의미합니다.

즉 한 주기의 거리로 단위는 m이 되는 거죠.

그러면 위식 $\lambda = \dfrac{2\pi}{\beta}$ 에서 β의 단위는 [rad/km]이며 의미는 1km를 갈 때의 변화하는 rad 값인 거죠. 거리를 기준으로 해서 각의 의미를 부각했다고 볼 수 있습니다.

파장은 360°라디안 값으로는 2π(한 사이클) 돌 때의 거리이므로,

파장은 $= \dfrac{\text{한사이클의 각}\,(2\pi\,rad)}{1km\,\text{진행할 때의 각}\,(rad)}$ 입니다.

그렇죠? 이해를 꼭 해주셔야 위상정수를 이해 할 수 있습니다.

여기서 어떤 주파수가 높다는 건 각 속도가 빠르다는 것이고, ($\because \omega = 2\pi ft$) 각 속도가 빠르다는 것은 단위 시간 기준 rad(각)이 커지게 되고 각 단위인 라디안이 커진다는 것은, 위 식에서 분모가 커지는 것을 의미하고 이건 파장이 짧아지는 것을 의미합니다.

이렇게 위상정수가 주파수에 따라 선형적으로 변화될 때가 무왜곡 조건 중의 하나이며 이런 특성의 선로가 있다면 아주 전송특성이 좋다고 볼 수 있다는 거죠.

정보통신기술사에서 중요한 건 엔지니어링을 '할 수 있냐, 없냐'입니다. 어떤 학문적 순수 원리를 바탕으로 해서 인간의 삶을 보다 풍요롭게 하기 위해서 실제 현실에 응용할 수 있을 때, 그런 내용을 답안에 썼을 때 점수를 받게 되는 것을 명심하셔야 합니다.

14. 전송량의 단위

14.1 개요

- 감쇠나 이득을 직접비로 표현하면 너무 큰 숫자로 표현되기 때문에 현실감이 없어 [dB], [Nep] 등의 전송량의 단위를 사용
- 전송량의 단위는 신호 전송 시 신호의 감쇠나 이득을 표현하는 단위
- 표현의 용이성과 계산의 편리성을 가지며, 상대레벨과 절대레벨로 구분

14.2 상대레벨

- 입력과 출력의 전송량을 상대적으로 비교

(1) [dB]

- 전송의 감쇠, 이득량을 상용대수로 표현

$$\text{dB} = 10\log\frac{출력전력}{입력전력} = 10\log_{10}\frac{P_2}{P_1} = 20\log_{10}\frac{V_2}{V_1} = 20\log_{10}\frac{I_2}{I_1}$$

(2) [Nepper]

- 전송의 감쇠, 이득량을 자연대수로 표현

$$Nep = \frac{1}{2}log_e\frac{P_2}{P_1} = \log_e\frac{V_2}{V_1} = \log_e\frac{I_2}{I_1}$$

(3) [dB]과 [Nepper] 비교

기준단위	[dB]	[Nepper]
	상용대수	자연대수
표 현	$10\log_{10}\dfrac{P_2}{P_1}$	$\dfrac{1}{2}log_e\dfrac{P_2}{P_1}$
관 계	$1\,[\text{dB}] = 0.115\,[Nep]$	$1\,[Nep] = 8.686\,[\text{dB}]$
적용국가	북미, 일본, 한국	유럽

- $1\,[Nep] = 8.686\,[\text{dB}]$, $1\,[\text{dB}] = 0.115\,[Nep]$

14.3 절대레벨

- 입력레벨 대신에 어떤 기준 값과 비교한 레벨

(1) 0[dBm]

- ITU → "600[Ω]의 내부저항을 가진 전원이 600[Ω]의 회선 저항을 가진 회로에 1[㎽]의 전력을 송출할 때를 0레벨로 한다"라고 규

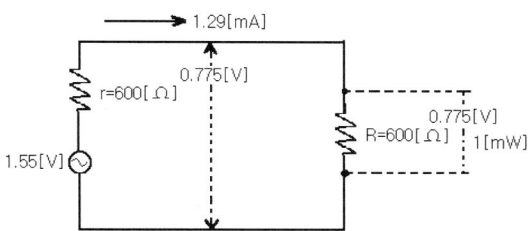

- 600Ω계 : 기준전력 1[㎽], 부하·내부저항 600[Ω]

회로전류 $I = \sqrt{\dfrac{P}{R}} = \sqrt{\dfrac{1 \times 10^{-3}}{600}} = 1.29\,[mA]$

부하전압 $V = \sqrt{P \cdot R} = \sqrt{1 \times 10^{-3} \times 600} = 0.775\,[V]$

(2) [dBW]

- 1[W] 전력을 기준으로 한 절대 Level
- 전송레벨이 큰 위성통신에서 주로 사용

  ▶ $[dB\,W] = 10\log_{10}\dfrac{P\,[W]}{1\,[W]}$

  ▶ [dBm]과의 관계 : 0[dBW] = 30[dBm]

(3) [dBmV]

- 1㎷ 전압을 기준으로 한 절대 Level
- 방송분야 및 광통신에서 일반적으로 사용
- $dBmV = 20\log_{10}\dfrac{V}{1\,㎷}$, V: 피측정신호의 전압

(4) dBμV

 − 1μV 전압을 기준으로 한 절대 Level

 − 무선통신 분야에서 주로 사용

 − dB$\mu V = 20 \log_{10} \dfrac{V}{1\,\mu V}$, V: 피측정신호의전압

14.4 통신 분야에서 사용되는 기타 데시벨 단위

(1) [dBr]

 − 상대 dB(relative dB)의 뜻

 − 전송계상 기준점을 정하고 측정하려는 점의 전력비를 상대레벨로 표시

(2) [dBrn]

 − dB above reference noise의 뜻

 − 1,000[Hz]에서-90[dBm] 기준 레벨(reference noise)에 대한 전력 레벨

 − $0[dBrn] = -90[dBm]$

(3) [dBrnC]

 − 1,000[Hz]에서의-90[dBm] 기준 레벨에 대한 전력 레벨로서 C-message weighting 사용하여 측정(Circuit Noise Level 기준)

 − 음성 통신에 사용

(4) [dBrnC0]

 − [dBrnC]로 측정된 지점의 잡음 전력을 0 레벨 기준점에서의 등가 잡음 전력으로 수정한 값

14.5 dB 사용 시 장점

 − 값의 크기가 작아져서 표현이 용이

 − 나누기, 곱하기 연산이 빼기와 더하기로 대치

 − 인간의 반응이 외부 자극에 대해서 대수적으로 비례

 − 다양한 응용분야에 사용

☞ 멘토 기술사

여기까지만 공부하면 대학에서 dB 시험은 잘 볼 수 있겠지만 기술사 시험에서는 점수를 많이 받을 수는 없습니다.

어떻게 정보통신 현장에서 어떻게 사용되는지를 서술하여야 하기 때문입니다.

수신 측의 레벨이 늘 작게만 나올 것 같은데, 높게도 나오는 경우는 왜 그럴 걸까요?

중간에 중계해 주는 장비를 거치면서 신호가 증폭되어 버렸거나 외부자계에너지가 전송구간에서 유입될 수도 있기 때문이죠.

광전송장비에서 광파워미터로 수신레벨을 측정해 보면 보낸 신호보다 높은 레벨이 나오는 경우가 많습니다.

이럴 경우 광신호를 전기신호로 바뀌게 되면 높은 전기가 회로를 흘러가므로 유니트 수명을 단축시키거나 오동작을 할 수도 있으므로 감쇠기를 사용하는 겁니다.

또 레벨이 너무 낮게 나오면 어느 구간에서 감쇠가 많이 일어나는지를 찾아야 합니다. 무작정 송신기의 레벨을 과도하게 올리게 되면 부가잡음 또한 같이 전송되기 때문입니다.

'따라서 준공검사, 인수시험 시에는 반드시 기술기준 또는 성능평가를 수행해야 한다.'

이런 식의 답안 마무리가 필요하다는 것을 말씀드립니다.

15. 변조

15.1 개요
- 저주파 정보신호는 공간을 효과적으로 전파할 수 없음
- 변조는 저주파의 정보신호를 고주파의 반송파에 싣는 과정
- 원거리 전송 및 통신 효율성을 위해 변조를 수행

15.2 변조
(1) 개념(원리)

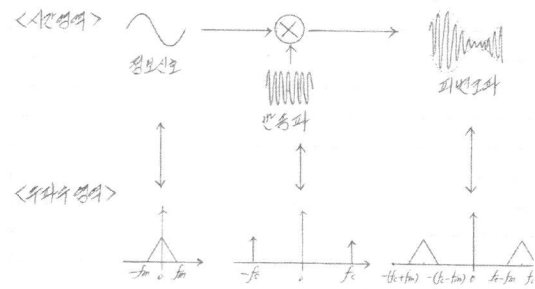

- 시간 영역에서는 정보신호를 반송파에 곱하는 과정
- 주파수 영역에서는 정보신호를 반송파의 주파수대로 천이시키는 과정

(2) 일반식

$$- \ f(t) \cdot \cos 2\pi f_c t \ \leftrightarrow \ F(f) * \frac{1}{2}[\delta(f+f_c)+\delta(f-f_c)]$$
$$= \frac{1}{2}[F(f+f_c)+F(f-f_c)]$$

15.3 변조의 필요성
- 복사용이: 송수신 안테나 설계 가능
- 주파수 할당: 상호간섭 배제
- 다중화: 하나의 전송로에 복수의 회선 구성

- 광대역 변조에 의한 유해 잡음성분의 억압 및 간섭 제거
- 장비의 제한을 극복
- 전송매체와의 정합

☞ 멘토 기술사

변조방식을 설계할 때 고려할 사항으로 가장 기본적인 것은 전파법을 지켜야 하는 겁니다.
타 통신에 방해를 주어서는 안 되겠지요?
아울러 망 형태, 정보의 형태, 사용주파수, 송수신기 가격과 송신출력, 주파수와 전력의 효율적 측면, 안테나의 종류, 위치 신호 대역폭, 무선전파환경과 수신 커버리지 등을 고려하여야 합니다.

16. DSB-LC(DSB-Large Carrier)

16.1 개요

- 진폭변조는 신호파의 진폭에 비례하여 반송파의 진폭이 변화
- DSB-LC는 피변조파에 반송파와 상하측파대가 포함된 진폭변조 방식
- 장중파대 AM방송 등에 사용

16.2 DSB-LC

(1) 원리

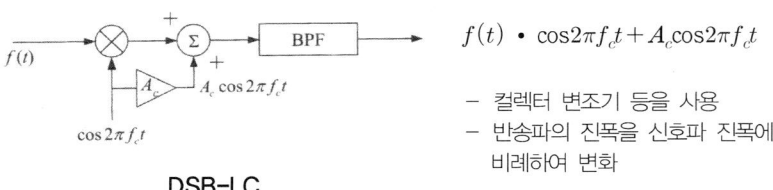

$$f(t) \cdot \cos 2\pi f_c t + A_c \cos 2\pi f_c t$$

- 컬렉터 변조기 등을 사용
- 반송파의 진폭을 신호파 진폭에 비례하여 변화

DSB-LC

(2) 일반식

- $v_{AM}(t) = (A_c + A_s \cos\omega_s t)\cos\omega_c t = A_c(1 + \dfrac{A_s}{A_c}cos\omega_s t)\cos\omega_c t$

- 여기서 $\dfrac{A_s}{A_c} = m$ 이라고 가정하면, (m: 변조지수)

- $v_{AM}(t) = A_c(1 + m\cos\omega_s t)\cos\omega_c t$가 됨

- $A_c(1 + m\cos\omega_s t)$는 변조 포락선으로서 정보가 전달

(3) 특징

- 반송파가 전체 피변조파 전력의 $\dfrac{2}{3}$를 차지하는 큰 소비전력
- 수신기에서 비동기 검파방식인 포락선 검파가 가능
- 동기검파 방식 대비 구성이 간단
- 반송파를 내포하여 AGC 회로 부가가 용이
- 최대 변조효율은 33.3%로 변조 효율이 떨어짐

16.3 DSB 재정수

(1) 피변조파 전력 $P = P_c + \dfrac{1}{2}m^2 P_c = P_c\left(1 + \dfrac{m^2}{2}\right)$

(2) 피변조파 성분비 $P_c : P_U : P_L = 1 : \dfrac{m^2}{4} : \dfrac{m^2}{4}$

(3) 변조효율 $\eta = \dfrac{\text{변조(신호)전력}}{\text{전체전력}} = \dfrac{\dfrac{1}{2}m^2 p_c}{P_c + \dfrac{1}{2}m^2 p_c} = \dfrac{m^2}{2 + m^2}$

— $m = 1$ 일 때, $\eta = 33.3\%$

(4) 공칭출력(무변조 시 전체 피변조파 전력) = 반송파 전력

— $m = 0$, $P = P_c + \dfrac{1}{2}m^2 P_c = P_c$

(5) 신호대 잡음비 : $\dfrac{S_o}{N_o} \propto m^2 \dfrac{S_i}{N_i}$

— DSB-LC의 S/N 개선 방법 : $m\uparrow$, $A_s\uparrow$

17. DSB-SC(DSB-Suppressed Carrier)

17.1 개요
- DSB-SC는 피변조파에 반송파가 포함되지 않는 진폭변조
- 정보의 전달에 관여하지 않는 반송파를 제거하여 전력 면에서 능률을 높임
- 정확한 복조를 위해서 파일럿 신호 및 동기 검파방식을 사용

17.2 DSB-SC
(1) 원리

(2) 일반식

$$- \quad f(t) \cdot \cos2\pi f_c t = A_m\cos2\pi f_m t \cdot \cos2\pi f_c t$$
$$= \frac{1}{2}A_m[\cos2\pi(f_c - f_m)t + \cos2\pi(f_c + f_m)t]$$

(3) 특징
- 반송파가 억압되어 전력 소모가 적음
- 정확한 복조를 위해 반송파의 주파수, 위상 정보를 필요로 하여 파일럿 신호를 사용
- 수신기에서 반송파를 재생하여 복조하는 동기 검파방식을 사용

17.3 DSB-LC와 DSB-SC 비교

	DSB-SC	DSB-LC
변조방식	평형 변조기	컬렉터 변조기
전체전력	$P = \dfrac{1}{2}m^2 P_c$	$P = P_c + \dfrac{1}{2}m^2 P_c$
효 율	$\eta = 100\%$	$\eta = 33.3\%$
신호대 잡음비	$\dfrac{S_o}{N_o} \propto \dfrac{S_i}{N_i}$	$\dfrac{S_o}{N_o} \propto m^2 \dfrac{S_i}{N_i}$
검 파	동기검파	비동기검파

18. SSB(Single Side Band)

18.1 개요
- SSB는 1개의 측파대만을 가지는 진폭변조
- 주파수 이용 효율이 우수하고 주파수 선택성 페이딩에 강함

18.2 SSB
(1) 원리

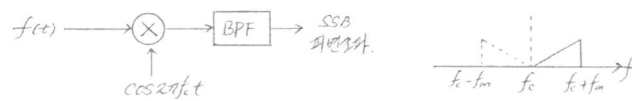

- 평형 변조기에서 출력된 DSB-SC 신호를 BPF에 통과시켜 한쪽 측파대만을 얻는 필터법
- 또는 위상 천이법 등에 의해서 SSB 피변조파를 생성

(2) 피변조파 일반식
- $v_{SSB}(t) = f(t)\cos2\pi f_c t \pm \widehat{f}(t)\sin2\pi f_c t$
- $(+)$는 하측파대를 사용하는 경우, $(-)$는 상측파대를 사용하는 경우
- $\widehat{f}(t)$는 $f(t)$의 Hilbert 변환

18.3 DSB와 비교한 SSB 방식의 특징

장 점	단 점
주파수 이용 효율이 높음 적은 송신전력으로 양질의 통신 선택성 페이딩 영향 감소 S/N 개선 비화성 유지	높은 주파수 안정도 필요 수신기에 동기 조절장치 필요 ABG 회로 부가 곤란 회로 구성 복잡

18.4 SSB 변조방식

(1) 필터법
- DSB-SC 신호를 발생시킨 후 원치 않는 한쪽의 측파대를 BPF를 이용하여 제거

(2) 위상 천이법
- DSB-SC 신호와 양 측파대 중에서 한쪽 측파대의 위상을 180° 반전시킨 신호를 조합하여 1개의 측파대를 가지는 SSB 신호파 생성

(3) Weaver법
- Filter법과 위상 천이법을 조합
- 불요파를 억제하는 장점이 있으나 회로 복잡

18.5 활용
- SSB/FDM의 경우 다단변조 효과에 의해 측파대 분리용이

☞ 멘토 기술사

평균송신전력이 같은 경우 송출 시 신호출력만 보면,

$$\frac{SSB신호출력}{DSB신호출력} = \frac{P_c\left(1+\frac{m^2}{2}\right)}{P_c\frac{m^2}{2}} = 1+\frac{2}{m^2}$$

$m = 1$인 경우 3배$(4.8dB)$ S/N이 좋음

위 식을 처음 보시는 분은 헷갈려 하시는 분이 있더라구요. 신호에만 사용된 전력을 의미하는 것입니다.
하지만 자가무선망의 무전기 변조방식으로 주로 사용하기 때문에 SSB출력은 상당히 낮고 거기에 비하면
AM라디오 송신에 사용하는 출력은 대출력이라서 현실적 비교는 사실 어렵습니다.
설계에서 대역폭과 더불어 중요한 개념이 출력입니다. 출력은 전파법으로 기술기준이 있으며 제한을 받습니
다. 전력을 많이 쓴다는 건 그만큼 비용이 지출된다는 것이고 어떤 변조방식이든 전력효율적 측면에서의 설
계가 중요하다고 볼 수 있습니다.

DSC-SC에서 서로 붙어 있는 두 개의 측파대 중 하나만 선택하는 SSB방식은 이상적인 필터성능을 구현하기
어렵고, 분리가 예리한 필터는 가격적 부담이 발생하므로 2차, 3차 체배를 사용합니다.
좀 더 구체적으로 설명드리면 필터는 근본적으로 빠른 감쇠 특성을 가져야 하므로 필터의 Q지수가 매우 높
아야 하고 L,C 소자를 이용한 필터는 Q값이 보통 수십에 불과하므로 수정필터를 사용하여 100,000에 이르
는 Q값을 얻을 수 있는 장점이 있지만, 일단 제작된 후에는 사양을 변경할 수 없기 때문에 가변동조와 같은
기능을 가질 수 없는 단점이 있습니다.

19. Hilbert 변환

19.1 개요
- Hilbert 변환은 직교성 필터를 이용하여 위상을 천이시키는 방법
- 시간에 따라 변화하는 신호를 해석하거나 포락(Envelope)을 구하는 데 사용
- SSB 변조방식인 위상 천이법에서 DSB-SC 신호와 Hilbert 변환된 신호를 조합하여 SSB 신호파를 생성

19.2 Hilbert 변환
(1) 개념

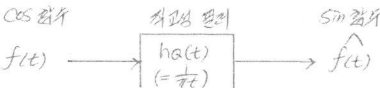

- 모든 주파수 성분에 대한 진폭은 일정하나
- 양의 주파수 성분에 관한 위상을 $-90°$만큼 천이시키고
- 음의 주파수 성분에 관한 위상은 $+90°$만큼 위상 천이시킴

(2) 정의식

$$- \quad \widehat{f}(t) = f(t) * h_Q(t) = f(t) * \frac{1}{\pi t} = \frac{1}{\pi} \int_{-\infty}^{\infty} f(\tau) \frac{1}{t-\tau} d\tau$$

(3) Hilbert 변환의 성질
- $f(t)$와 $\widehat{f}(t)$는 에너지 스펙트럼이 같음

- $f(t)$와 $\widehat{f}(t)$의 상관함수는 같음
- $f(t)$와 $\widehat{f}(t)$는 서로 직교함
- $\widehat{f}(t)$의 Hilbert 변환은 $-\widehat{f}(t)$

19.3 Hilbert 변환 예

- $f(t) = \cos(2\pi f_c t + \theta)$ 이면 $\widehat{f}(t) = \sin(2\pi f_c t + \theta)$
- $f(t) = \sin(2\pi f_c t + \theta)$ 이면 $\widehat{f}(t) = -\cos(2\pi f_c t + \theta)$
- $f(t) = \delta(t)$ 이면 $\widehat{f}(t) = \dfrac{1}{\pi t}$

19.4 Phase Shifter에 의한 SSB 변조

- 평형 변조기에서 출력된 신호 $f(t) \cdot \cos 2\pi f_c t$와 양측파대 중에서 한쪽의 위상을 반전시킨 $\widehat{f}(t) \cdot \sin 2\pi f_c t$ 신호를 조합하여 180° 위상차가 있는 측파대를 제거하여 SSB 신호파를 생성
- SSB 일반식 $v_{SSB}(t) = f(t)\cos 2\pi f_c t \pm \widehat{f}(t)\sin 2\pi f_c t$
- (+)는 하측파대를, (−)는 상측파대를 사용하는 경우

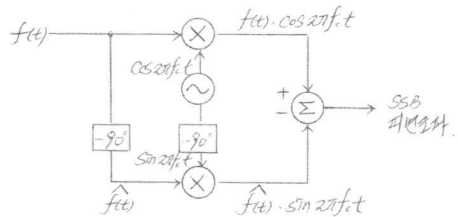

20. VSB(Vestigial Side Band)

20.1 개요
- DSB 신호로부터 SSB 신호를 발생시키기 위한 차단 주파수 특성이 예민한 필터의 실현은 곤란
- VSB는 SSB와 DSB의 절충 방식으로 한쪽 측파대 일부를 남기는 잔류 측파대 변조 방식
- 저주파 대역의 성분이 많은 TV 영상신호 전송에 적합

20.2 VSB
(1) 개념

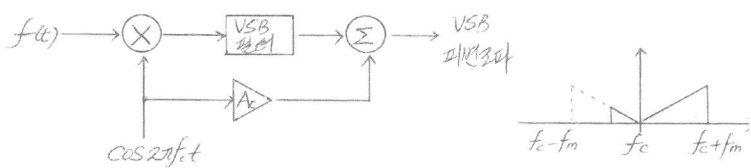

- DSB 신호의 한쪽 측파대를 일부 남기는 필터를 사용하여 다른 측파대를 완전히 통과시키는 방식
- DSB-LC의 검파 용이성과 SSB의 스펙트럼 효율 및 전력 소모가 적은 장점만을 모은 방식

(2) 특징
- 검파 용이
- 점유 주파수대역 감소
- 잡음 및 선택성 페이딩 영향 적음
- 저가의 대역통과 필터의 사용 가능
- 저주파 성분이 많은 TV 영상신호 전송에 적합

(3) 활용분야

 - 아날로그 TV(NTSC) 영상신호의 변조방식이며 한국, 미국의 디지털 TV 표준기술인
   ATSC에서 8VSB 변조방식으로 응용

20.3 TV 영상신호의 VSB 변조

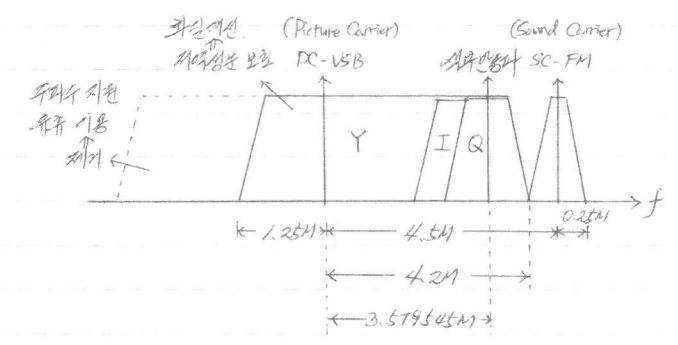

 - TV 영상신호는 0~45㎒ 정도의 주파수를 포함하고 있기 때문에 AM 변조 시 점
   유 주파수대폭이 9㎒로 되어 주파수 이용효율이 좋지 못하고
 - SSB 변조 시 한쪽 측파대의 분리가 곤란하며, 직류에 가까운 저역 성분이 손상을
   입게 되어 화질이 저하되므로 VSB 변조방식을 사용

20.4 주파수 간삽법(Frequency Interleaving)

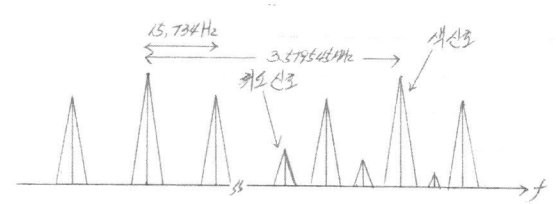

 - 휘도(Y) 신호는 영상 반송파에 상측 4.2㎒, 하측 1.25㎒ 대역으로 VSB 변조
 - 색차(I, Q) 신호는 색 부반송파에 VSB 변조

- I, Q 신호가 Y 신호의 사이에 위치하여 동일한 대역폭을 공유하고 있으나 간섭이 일어나지는 않음
- Y 신호는 4.2㎒ 전체 대역을 영상 반송파를 기준으로 15,734㎐ 간격으로 이산적으로 위치
- 그 사이사이에 I, Q 신호가 15,734㎐ 간격으로 위치할 수 있게 됨
- 주파수 간삽법의 사용 목적은 NTSC 컬러 TV로는 컬러 방송을 시청하고 동시에 흑백 수상기로는 흑백 방송을 시청하기 위함

21. Envelope Detection, Coherent Detection

21.1 개요

- 검파는 피변조파로부터 변조 신호를 추출하는 과정
- 검파방식에는 비동기 검파방식인 Envelope Detection과 동기 검파방식인 Coherent Detection이 있음

21.2 Envelope Detection

(1) 개념

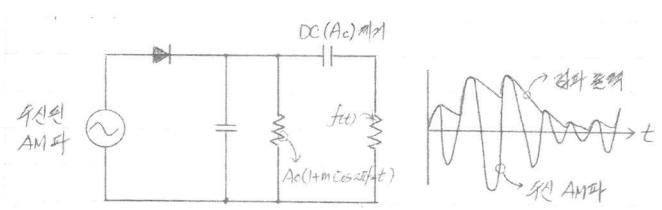

- Envelope 검파방식은 검파 시 피변조파의 주파수와 위상에 무관하게 복조가 가능한 비동기 검파방식
- 피변조파로부터 진폭(포락선)을 분리하여 원 신호를 복원하는 방식으로 구성이 간단
- 일명 Diode 검파라고 하며, DSB-LC 신호의 검파에 널리 사용

(2) 수식적 해석

- 수신된 DSB-LC 신호 $v_{AM}(t) = A_c(1+m\cos2\pi f_s t)\cos2\pi f_c t$ 에서 변조 포락선은 $A_c(1+m\cos2\pi f_s t)$
- $A_c(1+m\cos2\pi f_s t) = A_c + A_c m\cos2\pi f_s t$ 로 A_c는 결합 콘덴서에서 제거되므로 $A_s\cos2\pi f_s t$의 원 신호 복원

(3) 포락선 모양

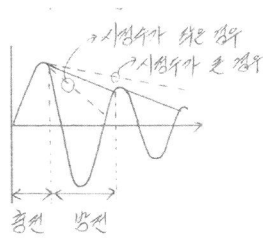

- Diagonal Clipping: CR 시정수가 너무 큰 경우 변조 포락선의 변화를 추종하지 못함
- Negative Peak Clipping: CR 시정수가 너무 작은 경우 변조 포락선의 밑부분이 잘림

※ 참고

포락선 검파방식의 변조 포락선 모양은 CR 시정수에 의해 결정되므로 신호에 알맞은 시정수를 선택하는 것이 중요하다.

21.3 Coherent Detection

(1) 개념

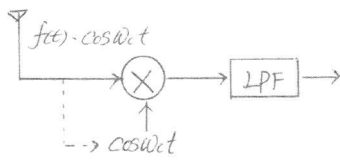

- Coherent 검파방식은 수신기에서 송신 반송파와 동일한 국부 반송파를 발생시켜 저역통과 여파기에 통과시킴으로써 원 신호를 분리하는 방식
- 수신 입력된 신호와 주파수, 위상이 일치하는 파의 의 복조가 이루어지는 동기 검파방식
- DSB-SC, SSB-SC 신호 등의 검파방식에 널리 사용

(2) 수식적 해석

− 수신 입력된 신호 $f(t) \cdot \cos 2\pi f_c t$ 와 국부 반송파 신호 $\cos 2\pi f_c t$ 가 곱해지면,

$$-f(t) \cdot \cos^2 2\pi f_c t = f(t)\left(\frac{1+\cos 2\pi(2f_c)t}{2}\right)$$
$$= \frac{1}{2}\left[f(t)+f(t)\cos 2\pi(2f_c)t\right]$$

− LPF를 통과하면서 $2f_c$ 성분은 제거되고 원신호 $\frac{1}{2}f(t)$ 를 복원

(3) 복조 신호 왜곡 현상

− 반송파의 주파수나 위상에 차이가 있으면 복조된 신호는 왜곡 발생
− 위상이 틀어진 경우보다 주파수가 틀어진 경우가 훨씬 더 큰 왜곡이 됨

21.4 비교

구 분	Envelope Detection	Coherent Detection
국부 반송파	불필요	필요
회로 구성	간단	복잡
검파 품질	CR 시정수에 관계	반송파 주파수, 위상 동기
활 용	DSB-LC	DSB-SC, SSB

☞ 멘토 기술사

Coherent detection 방식은 국부발진부와 반송파 주파수가 정확히 동기가 맞아야 합니다.
그렇지 않으면 위상오차에 따른 출력의 크기가 감소하고 만일 $\Delta\theta$ 가 90°에 근접하게 되면 출력이 안 나오게 됩니다.

22. Costas 검파

22.1 개요

- Costas 검파는 신호의 측파대로부터 일정한 반송파 신호를 발생시켜 검파하는 동기 검파 방식
- 입력 신호의 동상 성분과 직교 성분의 상관치가 0이 되도록 PLL 회로를 사용하여 입력신호와 동기된 반송파를 재생

22.2 Costas 검파

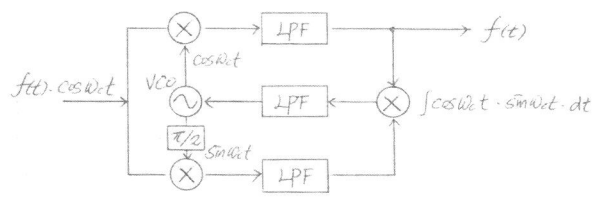

- 수신된 cos파와 90° 이상기를 통과한 sin파의 주파수와 위상이 같을 때, 곱셈기와 LPF를 통과한 신호는

$$\int \cos\omega_c t \cdot \sin\omega_c t \cdot dt = 0 \text{ 이 되어}$$

- VCO에 인가되는 전압이 변동하지 않게 되므로, 발진 주파수를 유지하여 동기검파가 가능

22.3 활용

- 피변조파에 반송파를 포함하지 않는 DSB-SC 신호의 측파대로부터 반송파 신호를 발생시켜 검파하는 DSB-SC 신호의 동기 검파기 등에 사용

23. PLL(Phase Locked Loop)

23.1 개요
- 통신시스템에서 출력 주파수가 회로 및 주변 환경 등에 의해 변동되므로 주파수 안정화 기술이 필요
- PLL은 출력의 궤환 신호를 입력신호와 비교하여 출력신호가 일정한 값이 될 수 있도록 제어하는 궤환 시스템
- 현재 거의 모든 통신 시스템에서는 PLL 회로를 사용하지 않고는 구현이 불가할 정도로 널리 사용

23.2 주파수 변동 원인
- 수정 발진기의 발진 한계는 최대 10㎒ 정도로 더 높은 주파수를 얻기 위해서는 주파수 체배 방법을 이용
- 주파수 체배 과정에서 주위 온도의 변화, 전원전압의 변동, 동조점 불안정 등의 원인에 의해 주파수 흔들림이 발생

23.3 PLL
(1) 개념

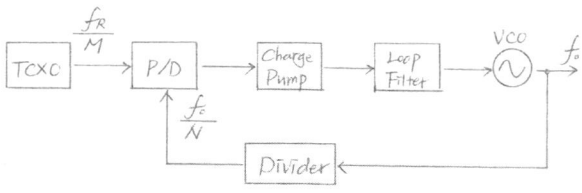

- 수정 발진자 입력과 궤환시킨 VCO 출력을 비교하여 위상차만큼 전압으로 변환하여 주파수를 조작
- VCO 출력과 수정 발진자 입력이 동일하면 Loop 상태가 되어 주파수 변화가 없음을 의미하며, 이때를 Phase Lock 되었다고 함

(2) 구성요소

- TCXO(Temperature Compensated X-tal Oscillator)
    - ▶ 온도변화에 대해 흔들림 없이 매우 안정적인 주파수를 발생할 수 있는 수정 발진기
    - ▶ 기준 주파수로 삼아 출력주파수와 비교
- VCO(Voltage Controlled Oscillator)
    - ▶ 입력 전압에 따라 특정한 주파수를 출력시키는 PLL의 최고 핵심요소
- Divider
    - ▶ VCO의 출력 주파수를 기준 주파수와 비교하기 적절한 주파수로 변환
- P/D(Phase Detector)
    - ▶ TCXO의 기준 주파수와 Divider를 통해 나뉘어 들어온 출력 주파수를 비교하여 위상차만큼 펄스 폭을 출력
- Charge Pump(C/P)
    - ▶ P/D의 출력 펄스에 비례하는 전압(전류)으로 변화시킴
- Loop Filter(LPF)
    - ▶ Loop 동작 중에 발생하는 불요파를 제거하여 VCO에 전압을 인가

(3) Phase Lock 조건

- TCXO의 체배비를 M, Divider의 분주비를 N, 기준 주파수를 f_R이라고 할 때

    Phase lock 조건 : $\dfrac{f_R}{M} = \dfrac{f_o}{N}$

- 출력 주파수 : $f_o = \dfrac{N}{M} f_R$

23.4 용도

- 광범위한 디지털 및 아날로그 시스템의 검파 및 주파수 합성
- 무선통신의 주파수 고정
- 측파대로부터 반송파 신호를 발생시키는 Costas 검파기 등의 동기 검파방식

23.5 맺음

- PLL은 위상잠금장치의 원리를 이용해서 원하는 주파수를 만들 수 있는 회로임
- VCO의 위상과 주파수를 입력대역통과 신호의 위상과 주파수에 고정하거나 동기시키는 방식으로 변조기, 복조기, 주파수 합성기, 다중화기 등 다양한 신호처리에 적용

24. FM

24.1 개요
- 잡음원은 전파의 진폭에 변화를 주지만 주파수에는 거의 변화를 주지 않게 됨
- FM은 정보신호의 진폭에 따라 반송파의 주파수를 변화시키는 방식
- AM 수신기에서 생기는 상호 간섭과 잡음을 극복할 수 있으나 많은 측파대를 가지고 있으므로 넓은 점유 대역을 필요로 하여 중단파대에서는 사용되지 않고 초단파대에서 주로 사용

24.2 FM
(1) 개념

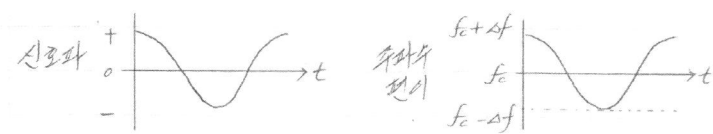

- 반송파의 진폭은 일정하게 유지하지만 변조신호의 진폭에 따라 반송파의 주파수를 변화시키는 변조방식

(2) 일반식

$$v_{FM}(t) = A_c \cos[2\pi f_c t + m_f \sin 2\pi f_m t]$$

변조지수 $m_f = \dfrac{\Delta f}{f_m}$, 최대 주파수 편이 $\Delta f = k_f A_m$

※ 참고

변조신호 $f(t) = A_m \cos 2\pi f_m t$ 인 경우, **FM출력** $v_{FM}(t) = A_c \cos[2\pi f_c t + \dfrac{A_m k_f}{f_m} \sin 2\pi f_m t]$ 이 된다. 여기서 $\dfrac{A_m k_f}{f_m} = \dfrac{\Delta f}{f_m} = m_f$ 이므로 변조신호의 최대진폭(A_m)에 비례하여 최대 주파수 편이(Δf)가 됨을 알 수 있다.

---

(3) 전력

$$P = \frac{A_c^2}{2} = P_c$$

- FM 신호의 평균전력은 반송파의 평균전력과 같음

24.3 FM 방식의 특징

(1) 장점

- AM 대비 S/N 개선 $\rightarrow$ S/N 개선도 $I = 3m_f^2 \left(\dfrac{B}{2f_m} \right)$, Emphasis

- 잡음 및 페이딩의 영향 감소 $\rightarrow$ Squelch, Limitter
- 동일 주파수의 혼신방해 경감 $\rightarrow$ Capture Effect
- 저전력 변조방식 $\rightarrow$ $P \simeq P_c$
- 충실도, 선택도 우수 $\rightarrow$ IDC

(2) 단점

- 점유 대역이 넓음 $\rightarrow$ Carson, Bessel
- 강전계 통신방식에 적합 $\rightarrow$ Threshold Effect
- 회로가 복잡 $\rightarrow$ 부속회로 많음

24.4 직접FM과 간접FM

- 변조신호를 적분하여 반송파를 위상변조하면 FM 신호를 얻을 수 있으며
- 변조신호를 미분하여 주파수 변조하면 PM 신호를 얻을 수 있음

구 분	직접FM	간접FM
구 성		
중심주파수 안정도	나쁨	좋음
AFC 회로	필요	불필요
Pre-distortor	불필요	필요
주파수 체배단 수	적음	많음

☞ 멘토 기술사

간접FM은 PM 방식으로 수정발진기를 사용합니다. 그래서 주파수 안정도는 양호하지만 주파수 편이를 크게 할 수 없어서 변조 후 체배단 수를 크게 해야 하는 단점이 있습니다.

FM 방식은 자려발진기(L,C 회로)를 사용하기 때문에 주파수 안정도가 낮아 AFC(Automatic Frequency Control)가 필요하지만 주파수 편이를 크게 할 수 있고 요즘은 PLL(Pulse Loop Lock)회로 기술을 사용하여 열로 인한 주파수 안정도가 떨어지는 부분을 조정해 주면서 직접 FM 방식도 VHF, UHF 대역에서 널리 사용되고 있습니다.

아날로그 변조에는 AM, FM, PM이 있으며 FM과 PM의 차이점은 변조지수 m_p, m_f의 차이와 sin, cos 차이로 위상차가 $\dfrac{\pi}{2}$ 나지만 통신상에 본질적인 문제가 되지 않습니다.

FM의 변조지수는 신호파 자체의 주파수에 따라 변화하므로 신호파에 혼입되는 높은 주파수의 영향을 받을 수 있어 88~108MHz 대역을 200kHz 대역으로 나누어 사용하는 FM라디오에서는 PM변조기를 이용해서 간접FM방식을 사용하고 있으며 2012년 이후 디지털 변조방식으로 수용될 것으로 예상됩니다.

25. Carson의 법칙

25.1 개요
- FM파의 대역폭은 변조신호의 주파수가 아니라 변조신호의 크기에 의해 결정
- 반송파의 주파수를 중심으로 $f_c \pm f_m, f_c \pm 2f_m, \cdots f_c \pm nf_m$ 과 같이 $n = \infty$ 까지 무한히 많은 측파대 성분을 포함하고 있음
- 그러나 실제 신호전력의 대부분은 대역폭 $B = 2(\Delta f + f_m)$ 내에 포함되어 있으며, 이 대역폭에 관한 법칙을 Carson의 법칙이라고 함

25.2 FM의 변조지수와 대역폭
(1) 변조지수

$$m_f = \frac{\Delta f}{f_m} = \frac{k_f A_m}{f_m}$$

- m_f가 클수록 측파대에 존재하는 주파수 성분이 많음을 의미

(2) 대역폭

$$B = 2(\Delta f + f_m) = 2f_m(m_f + 1)$$

- m_f를 높게 하면 에너지 분포가 넓어지고
- m_f가 작은 경우 $B = 2f_m$에 가깝게 되어 AM(DSB)의 측파대 분포와 비슷

25.3 Carson의 대역폭 규칙
- f_m이 적을 때 m_f가 증가하여 측파대는 무수히 많이 생기나 f_m이 작기 때문에 대역폭은 그다지 넓어지지 않고
- f_m이 크면 m_f가 감소하여 측파대가 적어지므로 대역폭은 거의 변하지 않음
- 즉, 점유 대역폭은 일정 범위 내로 억제할 수 있다는 것임
- 일반적으로 m_f가 0.577 이하를 협대역 FM, 그 이상을 광대역 FM이라고 함

26. Capture Effect

26.1 개요
- FM 방식에서 동일 주파수의 희망파와 방해파가 동시에 수신되었을 경우 그 레벨 차가 10[dB] 정도 있으면, 방해파에 의한 영향이 없는 포획현상이 발생
- FM의 포획현상은 FM 수신기에서 강한 FM 신호가 동일 또는 이에 가까운 약한 FM 신호를 완전히 억압하는 현상
- FM 통신에서는 약한 FM 신호는 제거되며 큰 FM 신호를 선택하여 통신을 수행 하므로 동일 채널 간섭에 강한 특징을 가짐

26.2 포획효과
(1) 개념

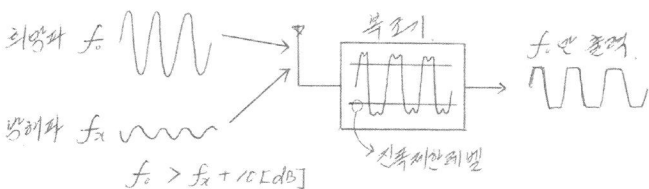

- f_0와 f_x 2개의 FM 신호가 수신되면 FM 수신기의 Limitter에 의해 f_x는 제거되고 f_0만 출력됨

(2) 간섭에 의한 위상편이
- 간섭에 의해서 반송파가 위상편이를 받으면 주파수 편이 Δf는
$$\Delta f = (f_x - f_0)\Delta\theta$$
- 동일 채널 간섭에는 $f_x = f_0$이므로 주파수 편이 $\Delta f = 0$
- f_0가 f_x보다 10[dB] 이상 클 때, f_0 성분만 출력에 나타남

26.3 동일 주파수 혼신 방해
- 크기가 거의 유사할 경우, 수신기는 두 개의 신호 사이를 왔다갔다하는 현상이 발생

- 간섭신호가 희망 신호보다 클 경우, FM 수신기는 간섭신호에 고정됨
- 이러한 현상은 주파수가 거의 근접한 두 개의 송신국으로부터 신호를 수신하는 경우에 주로 발생

※ 참고

FM 방식에서 동일 주파수의 희망파와 방해파가 동시에 수신되는 경우 그 레벨차가 10[dB] 정도 있으면 방해파에 의한 영향은 전혀 발생하지 않게 된다.
반면, AM 방식은 희망파와 방해파에 비례해 수신기 출력에 그대로 혼신으로 존재하게 된다.

---

27. Bessel 함수

27.1 개요

- Fourier Transform을 하지 않고도 Bessel 함수를 사용하면 시간 영역에서도 주파수 영역의 스펙트럼을 구할 수 있음
- FM에서는 여러 가지 주파수 성분들이 나타날 수 있는데, 이 성분들의 크기와 위상이 어떻게 나타나는가를 표시하는 함수가 Bessel 함수
- Bessel 함수를 이용하여 협대역 FM이나 광대역 FM의 스펙트럼의 크기와 위상을 알 수 있음

27.2 Bessel 함수를 적용하여 FM의 일반식 전개

$$
\begin{aligned}
V_{FM} &= A_c \cos(2\pi f_c t + m_f \sin 2\pi f_m t) \\
&= A_c J_0(m_f) \cos 2\pi f_c t \\
&\quad + A_c J_1(m_f) \cos[2\pi(f_c + f_m)t - 2\pi(f_c - f_m)t] \\
&\quad + A_c J_2(m_f) \cos[2\pi(f_c + 2f_m)t + 2\pi(f_c - 2f_m)t] \\
&\quad + A_c J_3(m_f) \cos[2\pi(f_c + 3f_m)t - 2\pi(f_c - 3f_m)t] \\
&\quad + \ \cdots \ \infty
\end{aligned}
$$

27.3 Bessel 함수를 이용한 FM의 스펙트럼 표현

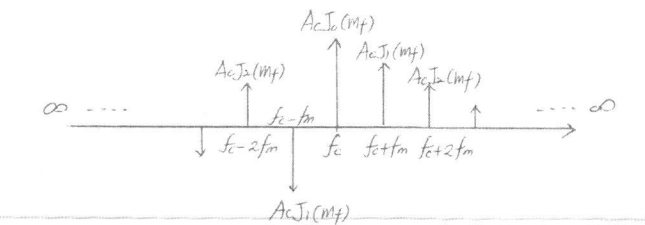

- FM 변조방식은 정보의 전송에 무수한 측대파를 사용하므로 광대역 전송로가 필요
- 따라서 초단파대 이상에서만 사용 가능

28. FM에서의 Threshold Effect

28.1 개요
- FM 수신기에서 수신 입력 레벨을 작게 하면 어떤 값에서 SNR이 급격히 저하되는 현상이 나타나며, 이때의 수신 입력 레벨은 최소 수신 한계 레벨(Threshold Level)
- 한계 레벨 이하의 수신 입력 레벨에서는 출력 SNR은 AM의 경우보다 더 작아지게 됨

28.2 Threshold Effect
(1) 개념

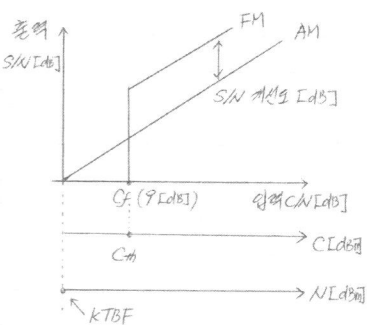

- FM 수신기에서 수신 입력 레벨이 어떤 값 이상이 되면 복조 회로를 통과하면서 S/N비는 크게 개선되는 현상
- 이때의 수신 입력 레벨을 한계레벨 C_{th}이라 하고
- 한계레벨에서의 반송파 전력대 잡음 전력비(C_{th}/N)가 Crest factor(C_f)

(2) Threshold Level
- FM 피변조파를 정상적으로 수신하기 위한 C_f는 9[dB] 이상

$$C_{th}[\text{dB}] = kTBF[\text{dB}m] + 9[dB]$$

- 잡음전력 N은 수신기 내부잡음 출력의 입력 환산치로 $kTBF$가 되며,
- 한계레벨은 $kTBF$보다 9[dB] 높은 수신입력 레벨(k : 볼츠만 상수($1.38 \times 10^{-23}[J/k]$), T : 절대온도, B : 등가잡음 대역폭, F : 잡음지수)

28.3 AM과 FM의 SNR 비교

- AM 신호의 변조지수 $m = 1$일 때 S/N 관계식은

$$\left(\frac{S}{N}\right)_{FM} = 3m_f^2\left(\frac{S}{N}\right)_{AM}$$

- FM 방식이 AM 방식보다 $3m_f^2$ 배만큼 S/N 개선효과를 거둘 수 있음
- 그러나 FM 변조지수 $m_f = \dfrac{1}{\sqrt{3}} = 0.577$ 일 때, FM 신호와 AM 신호의 S/N이 같아지며, m_f를 증가시킴으로써 FM 신호의 S/N을 AM보다 개선가능
- 이 경계가 NBFM과 WBFM을 나누는 방법 중 하나

28.4 S/N 개선량

- 입력신호 레벨이 Threshold Level 이상이 되면 복조회를 통과하면 S/N은 크게 개선
- S/N 개선량 : $I[\text{dB}] = (S/N)_{out}\,[\text{dB}] - C/N\,[\text{dB}]$
- S/N 개선량은 통신방식과 변조지수, 수신 대역폭 등에 의해서 일정한 값을 가짐

28.5 고감도 수신기 설계

- $kTBF$를 낮추면 최소 수신 한계레벨(C_{th})을 낮출 수 있으므로 수신기 감도 향상 가능

$$C_{th}[W] = kTBF \cdot C_f[W]$$

- 수신기의 절대온도(T)를 낮추기 위한 냉각 설계, 잡음지수(F)를 낮추기 위한 저잡음 소자 설계를 고려

※ 참고

FM 방식에서 입력신호 레벨이 Threshold Level 이상이 되어 복조회로를 통과하면 S/N은 크게 개선되므로 강전계 통신방식에 적합한 반면, AM 방식은 약전계 통신도 가능하다.

29. Pre-emphasis & De-emphasis

29.1 개요

- FM 수신기에서는 주파수가 높아질수록 출력 잡음전력의 크기가 증가하는 FM 특유의 삼각잡음 특성이 존재
- 프리엠파시스와 디엠파시스는 FM 방식의 고음부에 대한 S/N 개선을 위한 기술
- 7 ~ 13[dB] 정도의 S/N 개선효과

29.2 FM의 삼각잡음 특성

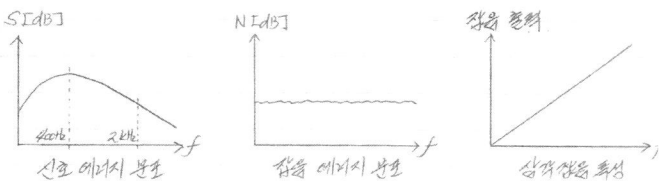

- 음성 에너지 분포는 400Hz 전후의 성분이 가장 많고, 2㎑ 이상이 되면 현저하게 감소
- 잡음 에너지 분포는 평탄한 주파수 특성을 가지고 있으므로 FM 검파가 되면 주파수에 비례하여 잡음 출력 전압이 높아지는 삼각잡음이 됨

29.3 프리엠파시스와 디엠파시스

(1) 프리엠파시스

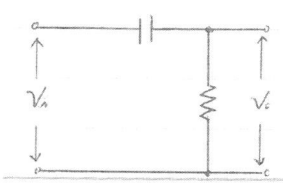

- FM 송신기에서 고음부를 강조하는 미분회로

- 높은 주파수에 대한 SNR 저하를 방지
- FM 변조 전에 신호파의 높은 주파수 부분을 크게 하여 변조하면 수신 시에 SNR 개선됨

(2) 디엠파시스

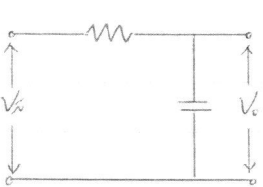

- 송신 측에서 강조한 고역부분을 원래의 신호로 환원시키기 위해 고역 주파수 성 분을 약화시키는 적분회로

(3) 주파수 특성

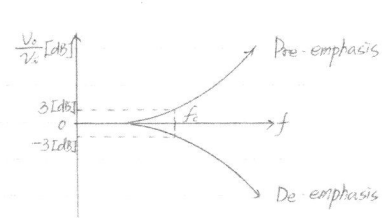

- 지상파 TV의 음성 및 FM 방송에서 Cut-off 주파수인 2140Hz에서 프리엠파시스와 디엠파시스를 행함

29.4 프리엠파시스와 디엠파시스 비교

구 분	Pre-emphasis	De-emphasis
역 할	고역 강조	고역 약화
효 과	고역 S/N 개선	원음 환원
회 로	미분회로(HPF)	적분회로(LPF)
적 용	송신기	수신기

29.5 변조지수와 SNR의 관계
- FM 방식에서는 변조지수를 크게 하면 SNR 개선

$$m_f = \frac{\Delta f}{f_m} = \frac{k_f A_m}{f_m}$$

- 변조지수는 주파수 편이 값이 고정 값이므로 변조 주파수와 반비례
- 변조 주파수와 잡음은 비례하여 주파수가 높을수록 잡음전력은 증가

※ 참고

FM 방식의 Emphasis 방식 외에도 주파수 특성을 개선하여 S/N을 향상시키기 위한 기술로 오디오 장치의 턴테이블에서는 RIAA, 녹음기에서는 Dolby 방식, PCM에서는 압신기 등이 사용된다.

---

30. PCM(Pulse Code Modulation)

30.1 개요
- 음성의 디지털화 기술로 파형 부호화, 음원 부호화 등
- PCM은 파형 부호화의 대표적 방식
- 아날로그 정보신호를 디지털 펄스 부호열의 전기신호로 변환하여 전송하고 수신 측은 수신된 펄스 부호 열로부터 원래의 아날로그 신호를 재생하는 방식
- FDM 방식의 단점인 높은 필터 비용과 재생중계가 불가한 문제를 해결

30.2 PCM
(1) 구성도
- A/D 변환 과정은 표본화, 양자화, 부호화 과정으로 구성

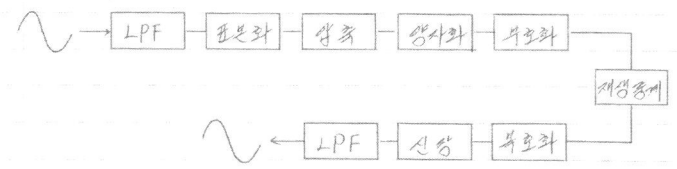

- 표본화 : 원 신호에서 표본 값인 PAM 신호 추출과정
- 양자화 : PAM 신호의 크기를 이산적으로 정량화
- 부호화 : 양자화된 신호를 2진 펄스열로 변환

(2) 특징
- 각종 잡음 및 누화 등에 강함
- 저질의 전송로에도 사용가능
- 고가의 여파기 불필요
- PCM 특유의 잡음 발생
- 광대역의 전송로 요구

30.3 PCM 전송비트

(1) 정보 전송률

$$[bps] = f_s \times n$$

(f_s: 표본화 주파수, n: 양자화 비트수)

(2) 전송비트 감소방안
- 양자화 스텝 수를 줄임 → 양자화 잡음 증가
- 비선형 양자화방식 채택 → 양자화기 구현 곤란
- 압신기 사용 → 비용 대비 성능우수
- 고효율 PCM 방식의 적용 → 양자화 잡음(N_q) 개선방안 필요

31. 표본화

31.1 개요

- PCM 방식은 표본화, 양자화, 부호화 과정에 의해 아날로그 신호를 디지털 신호로 치환
- 표본화 과정은 아날로그 정보신호를 일정한 주기의 펄스 진폭 PAM 신호로 대표시키는 과정
- 최적의 표본화를 위해 Nyquist의 표본화 이론을 따름

31.2 표본화 이론

(1) Nyquist 표본화 주파수

$$f_s = 2 \times f_m, \quad T_s = \frac{1}{2 \times f_m}$$

- 아날로그 신호를 디지털 신호로 치환 및 재생 시 원음에 적합한 최소한의 조건
- 신호파의 상한 주파수를 f_m이라고 할 때, $2f_m$의 이산적인 간격으로 진폭 값을 추출하여 전송하면, 수신 측에서 원 신호를 복원할 수 있다는 것임

(2) Shannon의 표본화 정리

$$f_s \geq 2 \times f_m, \quad T_s \leq \frac{1}{2 \times f_m}$$

- 신호파의 주파수 대역이 제한되어 있다면, $2f_m$에 상당하는 주기보다 짧은 주기로 표본화 해야 한다는 것임
- 음성과 같이 신호파 주파수가 변동하여 $f_s < 2f_m$이 되어 Nyquist의 표본화 주파수를 만족하지 못할 경우, 표본화 과정의 왜곡 현상인 Aliasing을 방지하기 위함

31.3 표본화 과정

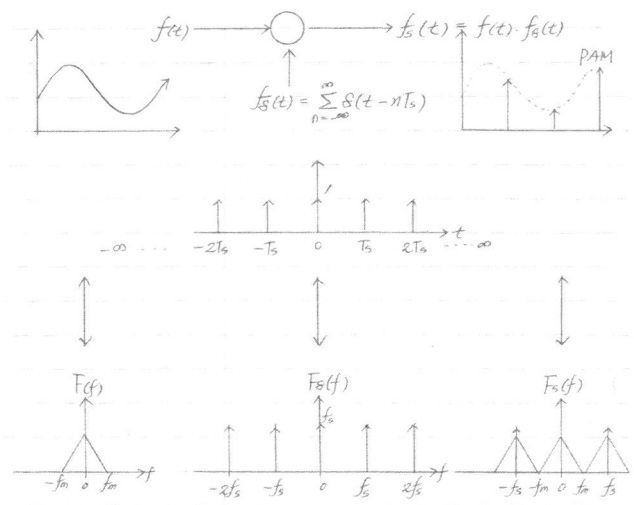

$$F_\delta(f) = f_s \sum_{n=-\infty}^{\infty} \delta(f - nf_s) = \frac{1}{T_s} \sum_{n=-\infty}^{\infty} \delta(f - nf_s)$$

$$F_s(f) = F(f) * F_\delta(f) = \frac{1}{T_s} \sum_{n=-\infty}^{\infty} F(f - nf_s)$$

- $f_s(t)$는 직접 Fourier Transform으로 풀 수 없으므로,
- $f(t)$와 $f_\delta(t)$를 각각 Fourier Transform 한 다음 Convolution 하여 $F_s(f)$를 얻을 수 있음

31.4 Aliasing

(1) 개념
- 표본화율이 Nyquist 표본화율보다 낮으면($f_s < 2f_m$), 주파수 영역에서 스펙트럼이 겹쳐 나타나는 현상
- Spectrum Folding, Spectrum Overlap이라고도 함

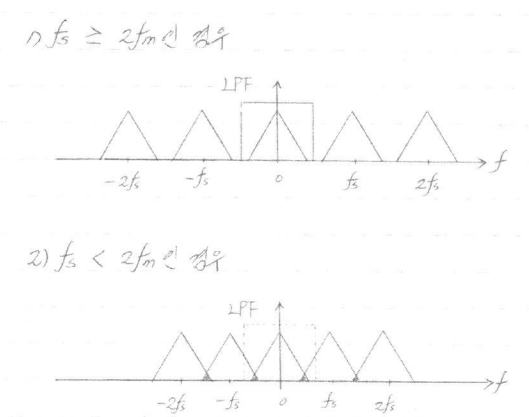

1) $f_s \geq 2f_m$인 경우

2) $f_s < 2f_m$인 경우

(2) Aliasing 억제 방안

 − Nyquist 표본화 주기를 만족하게 표본화

 − 신호를 표본화하기 전에 f_m보다 높은 주파수 성분이 들어오지 못하도록 LPF에서
   차단

32. Over Sampling

32.1 개요
- PCM 통신방식에서 양자화 오차 경감 및 완만한 차단특성의 필터 구현을 위한 방법으로 Over Sampling 사용

32.2 Over Sampling
(1) 개념
- 아날로그 신호의 최대 주파수의 2배인 나이키스트 표본화 주파수(f_s)보다 훨씬 높은 주파수로 표본화

(2) Over Sampling PAM 스펙트럼

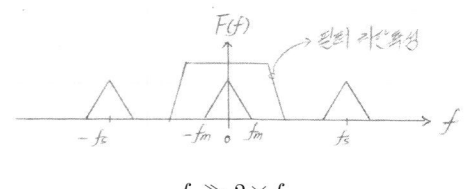

$$f_s \gg 2 \times f_m$$

(3) 효과
- 완만한 차단특성의 필터 사용으로 위상편이 문제 개선
- 필터구현 간단
- 정교한 A/D 변환 분해능을 갖게 되어 양자화 오차 경감

(4) 활용
- DM, ADM
- MPEG Audio 및 디지털 방송 등

32.3 양자화 신호대 잡음비

$$S/N_q[\text{dB}] = 6n + 1.8 + 10\log d \ , \ (d : Over\,sampling\,계수)$$

- 나이키스트 주파수의 2배로 Over Sampling 하면 S/N_q가 3[dB] 개선

※ 참고

Over Sampling 하면 전송률은 증가하지만 원음에 근접할 수 있으므로 방송 등에 활용된다.
$1 \sim 20{,}000$㎐ 의 신호 주파수에 대해서 CD급 음질의 경우 44.1㎑, DMB는 48㎑의 주파수로 Over Sampling 한다.

---

33. 양자화(Quantizing)

33.1 개요

- PCM 방식은 표본화, 양자화, 부호화 과정에 의해 아날로그 신호를 디지털 신호로 치환
- 양자화 과정은 표본화한 순시 진폭 값을 디지털 양으로 근사화시키는 과정
- 근사화 과정에서 PCM 특유의 양자화 잡음이 발생

33.2 양자화

(1) 개념

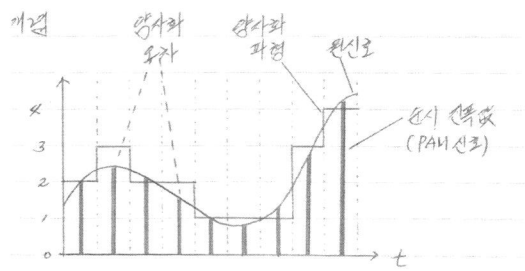

- 순시 진폭 값을 설정된 이산적인 값으로 대응시키는 과정
- 아날로그 값을 반올림 또는 반내림하여 대표 값을 구함

(2) 양자화 오차

$$N_q = Q - S , \quad (Q: 양자화신호, S: 원신호)$$

- 양자화된 신호와 원신호의 차이로 양자화 잡음이라고도 함

(3) 신호 전력대 잡음비

$$S/N_q[\text{dB}] = 6n + 1.8 + 10\log d$$

- 양자화 시 사용하는 비트 수(n)를 1비트 증가시킬 때마다 S/N_q는 6[dB]씩 증가

33.3 양자화 잡음 개선방법

- 샘플링 주파수를 나이키스트율보다 높여서 양자화
- 양자화 Step 수를 증가
- 비선형 양자화
- 선형 양자화 전단에 압신방식 사용

33.4 양자화 방식의 종류

(1) 선형 양자화

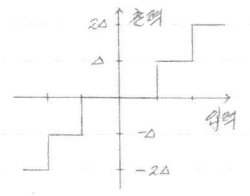

- 양자화 특성의 스텝 크기가 전 입력 신호레벨에 대해서 동일한 스텝 크기로 양자화

(2) 비선형 양자화

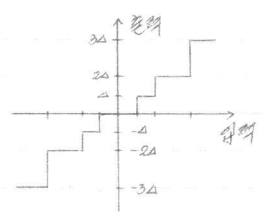

- 작은 진폭에 대해서는 양자화 스텝을 정밀하게 취하고
- 큰 진폭에 대해서는 반대로 스텝을 크게 하여 전체적으로 S/N_q를 향상

(3) 적응형 양자화
- 입력 신호의 크기에 따라 양자화 레벨의 최솟값과 최댓값이 변화하는 방식

- ADM, ADPCM 방식에 사용
- S/N_q는 양호하나 시스템 구성이 복잡

(4) 비교

구 분	양자화 Step 폭	양자화 잡음	적 용
선형 양자화	일정	큼	PCM
비선형 양자화	비등간격	경감	Companding PCM
적응형 양자화	시간적 가변	적음	ADM, ADPCM

※ 참고

예민한 양자화 레벨 효과를 부드럽게 바꾸기 위하여 소신호에 양자화 간격의 $\frac{1}{3}$ 보다 작은 백색잡음을 삽입하여 양자화 왜곡을 경감하는 기술로 Dither가 있다.

34. Companding

34.1 개요

- PCM 방식에서 매우 낮은 레벨의 입력 신호는 양자화 과정에서 신호의 진폭 변화를 추종하지 못하여 양자화 잡음이 증가
- 압신은 양자화 잡음을 경감시키기 위한 과정
- 양자화 전단에서 작은 PAM 신호는 크게 신장하고 큰 PAM 신호는 작게 압축
- 북미 계열의 μ 법칙과 유럽계열의 A 법칙이 있음

34.2 설정된 양자화 Step에 대한 양자화 잡음 관계

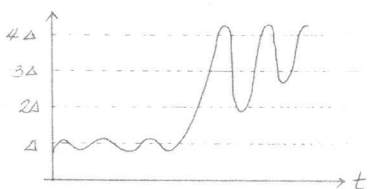

- 설정된 양자화 Step 간격에 대해서 입력 신호 진폭이 작으면 양자화 잡음이 증가
- 입력 신호진폭이 크면 양자화 잡음이 감소

34.3 압축과 신장

(1) 개념
- 선형 양자화 이전에 작은 입력 신호는 크게, 큰 입력 신호는 작게 압축하는 과정으로 비선형 양자화와 동일한 효과
- 수신 측에서는 압축된 값을 신장하여 원 신호를 복원

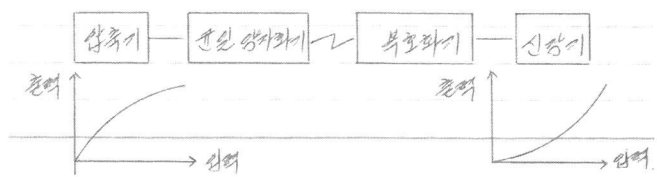

(2) 압신효과

- 양자화 비트수를 증가시키지 않고도 S/N_q 향상
- 선형 양자화를 하면서도 비선형 양자화 효과
- 입력 신호의 레벨에 관계없이 일정한 S/N_q

34.4 종류

- 대수함수를 몇 개의 직선으로 근사시키는 절선방식으로 15절선 방식(μ-Law)과 13절선 방식(A-Law)으로 분류

방 식 구 분	μ-Law	A-Law
압축매개변수 값	$\mu = 100$ 또는 255	A=87.6
선형양자화 특성	$\mu = 0$	A=1
절선수	7 절선 또는 15 절선	13 절선
작은 입력 신호	근사적 선형	정확하게 선형
큰 입력신호	대수함수	대수함수
적용 국가	북미, 일본	유럽

35. DPCM(Differential PCM)

35.1 개요

- PCM 통신방식은 56kbps의 광대역성을 가지고 있어 협대역 채널에는 부적합
- DPCM은 예측 표본 값과 실제 표본 값의 차이만을 부호화하여 정보량을 압축시킨 고효율 PCM 방식
- 한 표본점에서 다음 표본점으로 옮길 때, 신호 값이 천천히 변하는 음성 신호의 상관성을 이용

35.2 DPCM

(1) 구성도

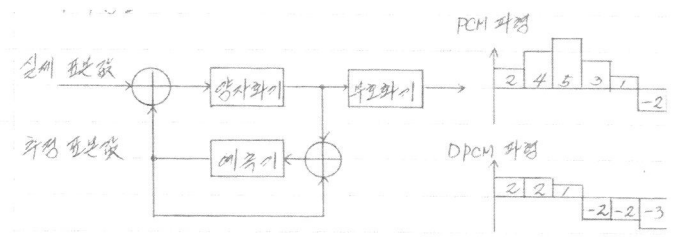

- 양자화기 : 실제 표본 값과 추정 표본 값과의 차이만 양자화
- 예측기 : 이전의 표본 값으로부터 다음 표본 값을 추정
- 부호화기 : 차분 값을 '0'과 '1'의 펄스열로 변환

(2) 특징
- PCM 대비 정보 전송량이 감소
- 과부하 잡음과 같은 양자화 잡음 증가
- 구성 복잡

35.3 DPCM 수신기

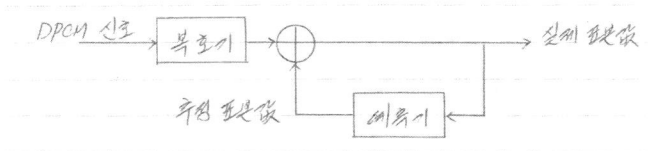

- 송신 측에서 사용했던 동일한 선형 예측기를 수신 측에서 사용하여 복호기를 거쳐
  나온 PAM 신호와 예측기의 PAM 신호를 더하여 원래의 실제 표본 값을 복원

35.4 PCM과 DPCM 비교

	PCM	DPCM
구성요소	표본화기, 양자화기, 부호화기	예측기, 비교기 추가
표본율	8KHz	8KHz
양자화 비트	7 ~ 8 bit	4 ~ 5 bit
정보량	56 ~ 64kbps	32 ~ 40kbps
특 징	광대역성	양자화 잡음 증가

36. ADPCM(Adaptive DPCM)

36.1 개요
- DPCM의 S/N_q 개선을 위해 ADPCM 등장
- ADPCM은 적응형 예측기와 적응 양자화를 사용하는 고효율 PCM 방식
- 음성 부호화 및 압축 방식 표준인 G.721 등에서 $32kbps$ ADPCM 기술을 이용

36.2 ADPCM 구성도

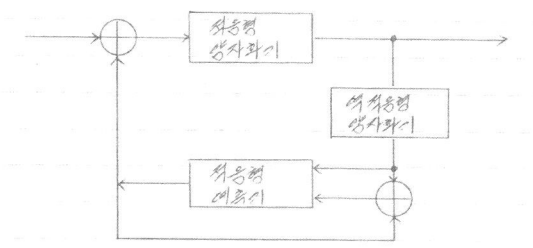

(1) 적응형 양자화
- 입력 신호의 기울기에 따라 양자화 계단 크기를 변화
- 비선형 양자화기에서 발생하는 과부하 잡음을 개선

(2) 적응형 예측기
- 시간에 따라 예측기의 필터 계수를 변화
- 이전의 표본 값으로부터 다음 표본 값을 추정
    ▶ 순차적응방식 : 표본 시마다 예측기의 필터 계수를 변화
    ▶ 블록적응방식 : 일정 시간마다 예측기의 필터 계수를 변화

36.3 ADPCM 특징
- 양자화 잡음 감소
- 구성이 복잡하고 고비용
- PCM과 유사한 음질

- PCM 대비 전송량 감소

36.4 DPCM과 ADPCM 비교

구 분	DPCM	ADPCM
표본화 주파수	8KHz	8KHz
양자화 비트수	4bit	4bit
전송률	$32kbps$	$32kbps$
양자화기	비선형 양자화기	적응형 양자화기
시스템 구성	간단	복잡
잡음 특성	과부하 잡음 존재	과부하 잡음 경감

37. DM(Delta Modulation)

37.1 개요

- DPCM, DM 등은 PCM의 광대역성을 개선시킨 고효율 PCM 방식
- DM은 예측 표본값과 실제 표본값의 차이를 단지 1bit로 부호화하여 정보량을 압축시킨 1bit PCM
- 표본율이 나이키스트 주파수보다 어느 정도 높은 경우에 사용

37.2 DM

(1) 구성도

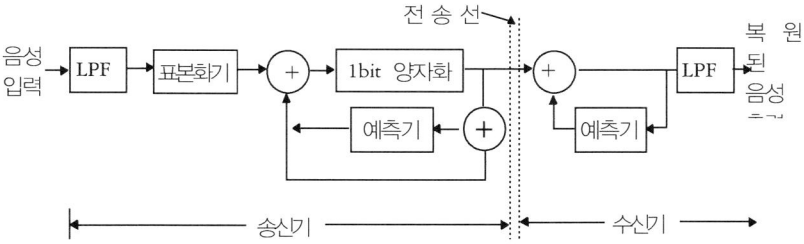

- 양자화기 : 실제 표본 값과 예측 표본 값을 비교하여 실제 표본값이 예측 표본값보다 크면 '+' 차동신호를, 작으면 '−' 차동신호를 발생
- 예측기 : 단순한 선형 예측기로 이전 표본 값으로부터 다음 표본값을 추정하는 방식을 사용
- 부호화기 : 차동 신호가 '+' 이면 '1'로, '−' 이면 '0'으로 부호화

(2) 특징
- 적은 정보량을 가짐
- 양자화 잡음이 증가
- Over Sampling을 사용하여 S/N_q 개선
- 충격 잡음에 강인하여 군사용 등에 사용

37.3 DM의 양자화 잡음

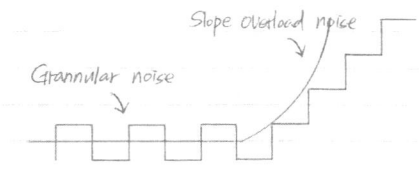

(1) Slope Overload Noise
- 입력 신호의 기울기가 급격할 때 Step 크기가 작아서 원래의 신호를 추종하지 못하여 생기는 양자화 잡음

(2) Granular Noise
- 입력 신호의 기울기가 완만할 때 고정된 Step 크기로 인하여 발생되는 양자화 잡음

37.4 DPCM과 DM 비교

구 분	DPCM	DM
표본화 주파수	8kHz	16 ～ 32kHz
양자화 비트수	4bit	1bit
전송률	$32kbps$	$16 \sim 32kbps$
주된 양자화 잡음	과부하 잡음	입상 잡음, 경사 과부하 잡음
SN_qR	DM 대비 우수	낮음

> ※ 참고
>
> DM 방식에서는 양자화잡음을 경감하기 위하여 Over Sampling을 사용하게 된다. 일반적으로 Over Sampling 계수 $d = 2$일 때, 즉 나이키스트 주파수의 2배로 Over Sampling 하면 S/N_q가 3[dB] 개선되지만 전송률 또한 증가하게 된다.

38. ADM(Adaptive DM)

38.1 개요

- DM은 Dynamic Range가 작아 S/N_q가 저하되는 문제 발생
- ADM은 적응형 양자화기를 사용하여 DM의 성능을 개선한 방식
- 양자화기의 Step 크기를 적응적으로 변화시켜 DM의 추가 잡음을 개선

38.2 ADM

(1) 개념

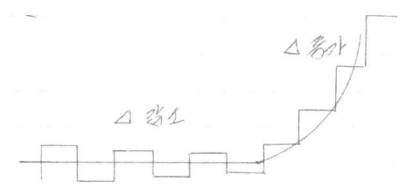

- 입력 신호의 기울기가 급격히 증가하면 양자화 계단 크기를 증가시켜 경사과부하 잡음을 감소시키고
- 입력 신호의 기울기가 완만하면 양자화 계단 크기를 감소시켜 입상 잡음을 감소시킴

(2) 특징
- DM의 추가 잡음을 감소(S/N_q 향상)
- DM과 동일 정보 전송량
- 적응형 양자화기를 사용
- 시스템 구현 복잡

38.3 DM과 ADM 비교

구 분	DM	ADM
주요 구성	예측기, 비교기	적응형 양자화기
표본화 주파수	16 ~ 32㎑	16 ~ 32㎑
양자화 비트수	1bit	1bit
전송률	$16 \sim 32kbps$	$16 \sim 32kbps$
양자화 잡음	입상 잡음, 경사 과부하 잡음	DM의 추가 잡음 개선

39. ISI(Inter Symbol Interference)

39.1 개요
- 대역폭 제한된 채널에서는 펄스의 분산 잡음이 인근 신호로 침범
- ISI는 한 심볼의 구간에서 발생한 펄스가 이웃 심볼 구간으로 넘어가서 인접 펄스에 영향을 미치는 현상
- 수신 측 검파 시 간섭을 주어 정보 전송속도를 제한하는 요소

39.2 ISI
(1) 개념

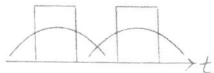

- 한 펄스의 꼬리 부분이 인접하는 심볼 구간으로 확산되어 간섭을 주는 부호 간 간섭을 의미

(2) 원인(Paley-Wiener 정리)

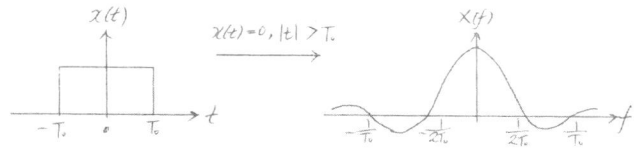

- 시간제한 신호는 주파수 영역에서 무한한 값을 가짐
- 이상적인 펄스 구현을 위해서는 채널의 대역폭은 무한한 값을 가져야 하지만, 실제 전송채널은 대역폭이 제한되어 시간 영역에서 펄스가 확산되어 인접 펄스에 영향을 초래

39.3 ISI 감소방안

(1) Nyquist 대역폭 제한조건

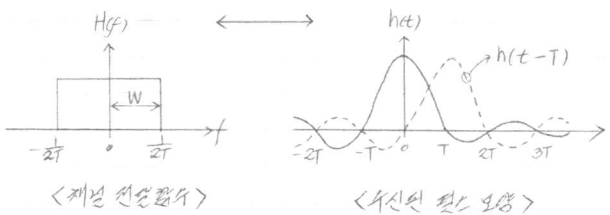

〈채널 전송함수〉　　〈수신된 펄스 모양〉

- 이상적인 W의 대역을 가진 Nyquist 채널에서 ISI 발생 없이 보낼 수 있는 심볼의 최대 전송률 R_s는 $2W[\text{symbol/sec}]$

(2) 올림 코사인 필터(Raised Cosine Filter)

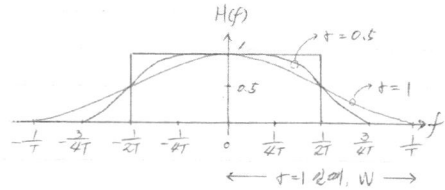

$r=1$ 신호, W

- 이상적인 Nyquist 필터 특성은 아니지만, ISI 없이 보낼 수 있는 대역폭 제한 특성

$$\text{대역폭 } W = \frac{1}{2}R_s(1+r)$$

- r은 롤-오프 계수(Roll-off Factor)로 초과 대역폭을 결정하고 필터의 경사도 특성을 나타냄

$$r = \frac{W - W_0}{W_0}, \ 0 \le r \le 1$$

(W : 실제 대역 , W_0 : 이상적인 대역)

(3) 등화기
- 필터 효과를 고려한 등가전달함수가 Nyquist 채널 특성을 갖도록 수신 측에서 보상하는 회로
- 전송로의 진폭, 위상 왜곡에 의해 발생하는 ISI의 영향을 감소시키는 역할

(4) ISI에 강한 선로 부호화
- 기저대역 전송 시 ISI에 강한 선로 부호화를 사용
- 직류 성분이 포함되지 않으므로 저주파 찬단 왜곡이 적은 Bipolar 부호 등을 사용

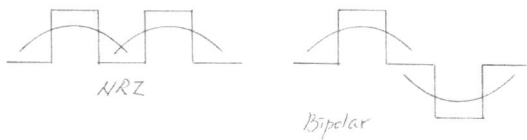

(5) OFDM, Multi Level Modulation, Directional Antenna, Spread Spectrum 등

☞ 멘토 기술사

ISI 전송로의 물리적 특성에 의해 발생할 수밖에 없기 때문에 최대한 방지를 해야 합니다.
신호레벨을 올리거나, 선로의 재질의 좋게 하는 건 근본적인 대책이 될 수가 없습니다.
송신 전 성형필터를 사용하거나, 접속개소를 줄이고 접속단의 임피던스 매칭을 잘 해야 하며 현장에서는 근본적으로 재생중계기와 디지털 수신기에는 등화기, 정합필터를 사용하고 있습니다.
광 통신에서는 분산에 의한 ISI를 줄이기 위해서 Depressed 클래딩형 광섬유를 사용하기도 하고 무선 통신에서는 OFDM 기술을 이용하기도 합니다.
또한 선로 케이블 포설 후 반드시 Eye Pattern 특성시험을 시행하는 것이 중요하다고 하겠습니다.

40. Eye Pattern Diagram

40.1 개요
- 채널이 이상적인 특성을 갖기 위해서는 등화기가 사용
- Eye Pattern Diagram은 채널의 불완전 정도를 측정하는 기준
- 등화기의 실험적 조정을 위한 Display 방법으로 사용

40.2 Eye Pattern 측정

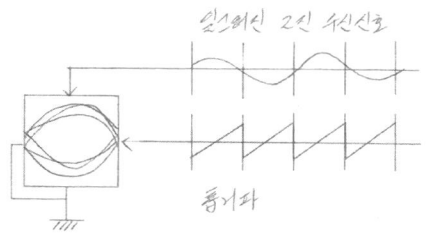

- 2진 수신신호는 오실로스코프의 수직 편향판에 인가하고 전송 주기와 같은 톱니파는 수평 편향판에 인가
- 출력에는 눈 모양의 패턴이 발생

40.3 Eye Pattern 설명

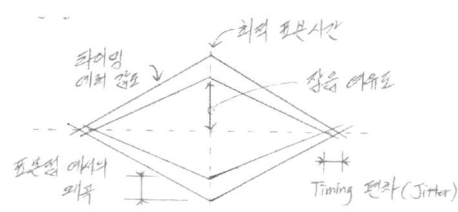

- 눈을 가장 넓게 뜬 경우가 잡음의 영향이 없는 가장 이상적인 경우
- 눈을 뜬 상하의 높이는 특정 샘플링 시간의 잡음 여유도
- 눈을 뜬 좌우의 폭은 ISI 간섭 없이 샘플링 할 수 있는 주기

— 샘플링 시간의 변동에 의해 눈이 감기는 율은 타이밍 에러에 의한 시스템 감도

40.4 맺음

- Eye Pattern Diagram은 채널의 불완전 정도를 측정하는 기준으로 이상적인 채널을 통과한 경우 Eye Pattern은 사각형의 눈을 뜨고 있는 모양이지만, 실제 채널은 대역 제한으로 인한 ISI와 잡음의 영향으로 둥그런 눈 모양이 됨
- 입력 신호가 완전히 랜덤하고 시스템이 선형성이라면 모든 눈의 모양은 동일하지만 실제 전송채널은 비선형이기 때문에 Eye Pattern은 비대칭을 이루게 됨
- ISI 간섭이 심하면 눈 패턴의 윗부분 궤적과 아랫부분 궤적이 겹치게 되어 눈을 완전히 감는 결과가 되며, 잡음과 간섭에 의한 에러를 피하는 것이 불가능하게 됨

41. Vocoding

41.1 개요
- 음성을 디지털화하는 방식에는 파형 부호화, 음원 부호화, 혼합 부호화 방식이 있으며, 파형 부호화는 64[kbps]의 광대역성을 가지므로 무선채널에서는 사용 곤란
- 보코딩은 음원 부호화 방식으로 음성의 특징만 추출한 후 부호화하여 전송하는 방식
- 전송 대역폭을 대폭 감소시킬 수 있어 무선채널 전송에 많이 사용

41.2 보코딩
(1) 정의
- 음성 신호에 내재된 특성만을 부호화하여 전송하는 음원 부호화 방식

(2) 원리

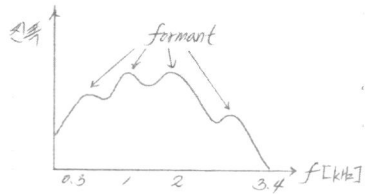

- 음성에는 음색을 결정하는 3 ~ 4개의 공진된 주파수인 포만트가 존재하므로, 음성파형을 분석하여 유성음과 무성음으로 구별하고 포만트의 진폭 및 주파수 등의 특징만 부호화하여 전송

(3) 특징
- 낮은 전송속도
- 10[kbps] 이하의 대역폭에서 파형 부호화보다 성능 우수
- 음성 외의 신호는 정확한 재생 불가
- 신호 처리지연, 큰 전력 소비 및 시스템 복잡

41.3 보코더의 종류

(1) 채널 보코더

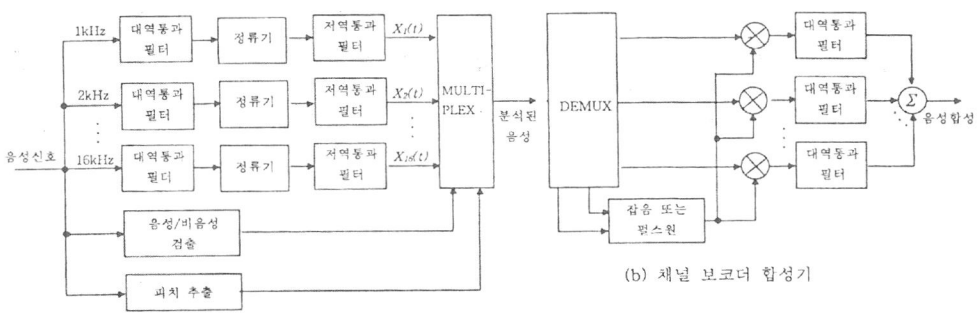

(a) 채널 보코더 분석기

(b) 채널 보코더 합성기

- 음성신호를 대역통과 필터(BPF)를 이용하여 서브밴드로 분리하여 정류한 후 상대적인 전력레벨을 구하기 위해 저역통과필터(LPF)를 사용
- 음성신호에서 추출한 유성음, 무성음의 검출 결과 및 유성음의 피치(Pitch)와 서브밴드의 출력을 다중화하여 복호기로 전송
- 복호기에서는 전송된 피치(Pitch)와 각 서브밴드의 전력레벨을 대역통과필터를 통과시켜 합성함으로써 원래의 신호를 재생

(2) 포만트 보코더
- 주파수 영역에서 공진점의 주파수와 진폭을 추출하여 전송하는 방식
- 음성 스펙트럼 중 가장 중요한 부분만을 부호화하므로 낮은 비트율의 전송을 실현

(3) LPC(Linear Predictive Coder)
- 음성신호의 인접 표본 값 사이의 큰 상관관계의 성질을 이용하는 방식
- 전송속도가 2.4[kbps] 이내일 때는 비교적 음질이 좋지만 주변 환경에 잡음이 심하거나 왜곡이 있을 경우 음질이 급격히 저하됨

(4) CELP(Code Excited Linear Prediction)
- 음성 발성의 구강구조 특성을 선형 예측 모델 계수로 표현하고 나머지 성분은 코드북으로 부호화하여 전송하는 방식

- 신호파형과 음성신호의 특징을 둘 다 이용하는 혼합 부호화 기술
- 이동통신 환경에서 비교적 낮은 전송속도로 만족할 만한 음질을 구현

(5) QCELP(Qualcomm CELP)
- CELP 보코더의 성능을 개선한 방식
- 전송 부호화율의 가변적인 변경을 통해 전송효율을 높임
- IS-95에서는 9.6[kbps]의 rate set1과 14.4[kbps]의 rate set2의 두 가지 전송률을 사용

(6) VSELP(Vector Sum Excited Linear Prediction)
- 결정 코드북 구조를 적용하고 두 가지 이상의 코드북을 사용하여 최적의 코드북 인덱스를 검색하는 방식
- 북미 및 일본의 셀룰러 이동전화용 보코더 표준으로 사용

41.4 음성 부호화 방식 비교

구 분	비트율	특 징	주 용도
파형 부호화	56 ~ 64[kbps]	Toll 품질	상용 전화
음원 부호화	0.5 ~ 8[kbps]	저속, 낮은 인실도	군사, 특수
혼합 부호화	4.8 ~ 16[kbps]	양호한 음질, 가변 대역	이동통신

41.5 맺음

- 파형 부호화 방식은 음성을 64[kbps]로 전송하며, 주로 전화국 간 전송 시스템에 사용되고 있으나, 이동통신 환경에서는 이보다 적은 16[kbps] 이하의 전송률 요구
- 보코더는 16[kbps]보다 적은 요구조건을 충족시키는 방식으로, 대역폭을 절약해야 하는 VoIP, 채널 대역폭에 여유가 없는 셀룰러 이동통신망에서 보코딩 방식이 보편적으로 사용

※ 참고

CDMA 이동통신시스템은 간섭제한 시스템으로 볼 수 있으며, 가입자 용량은 음성 활성화율에 반비례하게 된다. 그러므로 Vocoding 방식에 의한 적은 용량의 전송률은 가입자 용량을 증가시키게 된다.

---

42. Source Coding과 Channel Coding

42.1 개요
- 코딩은 정보의 효율적인 전송이나 저장을 목적으로 디지털 형태로 변환하는 과정
- 소스코딩은 전송효율 향상을 위해 아날로그 신호원을 디지털 정보원으로 변환하는 과정
- 채널코딩은 신뢰성 있는 정보전송을 위해 송신 측에서 구조화된 잉여비트를 추가하는 과정
- 암호화는 통신 보안성 확보를 위해 정보를 변형하는 과정

42.2 Source Coding(원천 부호화)
(1) 개념
- 아날로그 신호원은 디지털 변환을 수행하고, 디지털 신호원은 Redundancy 감소를 위하여 최소의 평균길이를 갖는 심볼로 압축 부호화하는 과정
- 정보량 감소로 대역폭 효율을 개선

(2) 종류
- 변조기법 : DM, DPCM 등
- 코딩기법 : RLC, VLC 등

42.3 Channel Coding
(1) 개념
- 데이터를 착오 없이 전송할 수 있도록 잉여비트를 추가하는 오류제어 기법
- BER 개선 역할을 수행하며, 부호화 이득을 얻을 수 있음

(2) 종류
- CRC, Hamming, Convolution Code 등

42.4 Encryptional Coding(암호화)

(1) 개념

- 통신 사용자마다 유일한 번호를 부여하여 다른 사용자는 해독할 수 없도록 통신
  보안성을 향상시키는 과정
- 대역폭의 증감 없이 정보를 변형

(2) 종류

- Long PN, Scramble Code 등

42.5 섀넌의 통신 모형

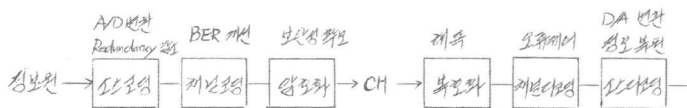

42.6 코딩 방식의 비교

	소스코딩	채널코딩	암호화
코딩 방식	Redundancy 감소	용장비트 추가	실별코드 부여
목 적	대역폭 효율 개선	BER 개선	보안성 확보
종 류	DM, DPCM, VLC	CRC, Hamming	Scramble

43. Huffman Coding

43.1 개요

- 허프만 코드는 데이터 전체를 나타내는 정보의 발생 확률 값이 서로 다르게 발생되는 데 착안한 부호화 기법
- 발생 확률이 높은 기호는 짧은 부호를, 발생 확률이 낮은 기호는 긴 부호를 할당하는 자료 압축을 위한 코드
- 최소 평균 길이를 갖는 부호어를 만드는 Compact Code의 일종

43.2 Huffman Code 생성 알고리즘

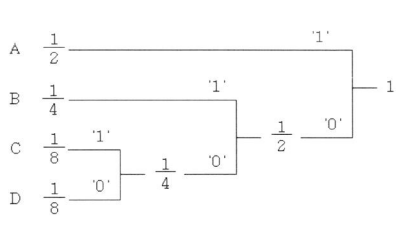

2진 비트	확 률	할당비트	부호길이
A (00)	1/2	1	1
B (01)	1/4	10	2
C (10)	1/8	001	3
D (11)	1/8	000	3
평균 비트			1.75

- 발생확률이 높은 순서대로 부호를 정렬한 후, 최소 발생확률 2개 부호를 선정
- 최소 발생확률 2개 부호를 합한 값을 구한 후, 발생확률이 높은 순서대로 부호 재정렬
- 최후의 확률 값이 1이 될 때까지 과정을 반복
- 원래 확률 값과 각각의 확률 값을 합산하여 나온 결과 값에 각각 0과 1을 순차적으로 부여하여 부호어를 얻음

43.3 평균 부호 길이와 엔트로피

- 평균 부호 길이 $L = \sum P_i L_i$, (P_i: 발생확률, L_i: 부호길이)
- 엔트로피 $H(X) = \sum P_i \log_2 \dfrac{1}{P_i}$
- 정보원의 평균 부호 길이와 엔트로피는 동일($L \le H(X)$)

43.4 허프만 부호화의 특징

- 최소 평균 길이를 갖는 부호어를 만드는 최단 부호(Compact code)
- 가변길이 부호화(Variable Length Coding)기법
- 무손실 부호화(Lossless Coding)기법
- 부호화된 영상과 함께 부호 목록 첨부해야 함
- 에러가 발생하는 경우 여러 심볼에 걸쳐 영향
- 수신 측 디코더 설계가 복잡

43.5 응용

- 압축 면에서 최대 효율을 가지므로 Source Coding에 적합
- Morse Code(전신통신), 팩스전송, JPEG, MPEG 등 화상 정보 압축 부호화 표준규격에 사용
- DPCM의 예측 오차신호에 허프만 부호를 적용하면 엔트로피에 가장 근접

44. 에러 제어방식

44.1 정보에 용장성을 부가하는 방식

(1) 에러 검출 부호(BEC)

- 수직·수평 Parity
- 2차원 Parity
- 정마크 스페이스
- 군계수

(2) 에러 정정 부호(FEC)

- 블록 부호
  - ▶ 선형 Code : Hamming, BCH, R-S Code
  - ▶ 비선형 Code : CRC Code
- 비블록 부호

44.2 전송방법에 용장성을 부가하는 방식

(1) 반송방식

- 반송조합방식
- 검사 부호의 반송방식

(2) 연송방식

- 병렬 전송방식
- 반복 전송방식

45. FEC(Forward Error Correction, 전진 에러 정정)

45.1 개요
- 정보에 용장성을 부가하여 에러를 제어하는 방식으로 에러 검출 부호와 전진 에러 정정 부호 방식이 있음
- 에러 검출 부호 방식은 수신 측에서 부가비트를 검사하여 에러 발생 시 송신 측에 해당 정보를 재전송 요청하여 에러를 정정하는 방식
- 전진 에러 정정 방식은 정보에 에러 정정을 위한 여분의 비트를 추가하여 수신 측에서 에러를 검출하여 정정하는 방식

45.2 전진 에러 정정 부호 방식
(1) 개념
- 전송할 정보에 오류 정정을 위한 여분의 비트를 추가하여 전송하고, 수신 측에서는 이를 이용하여 에러를 검출하여 정정
- 자기 정정 방식

(2) 특징
- 전송확인을 위한 역채널이 불필요
- 연속적인 데이터 전송이 가능
- Redundancy 증가로 대역폭 또한 증가
- Coding 방식이 복잡

(3) 종류
- 에러 정정에 현재 정보블록 외에 과거 정보블록 의존도에 따라 Block Code와 Non Block Code로 분류
- 기억장치가 없으면 Block Code, 기억장치를 필요로 하면 Non Block Code

45.3 Block Code
(1) 정의
- 에러 정정이 해당 Block에만 국한되는 방식

- 정보를 갖는 k 개의 심볼 비트에 m 개의 검사 비트를 추가하여 전체비트 $n = m + k$ 개의 비트가 한 개의 Block

(2) 종류

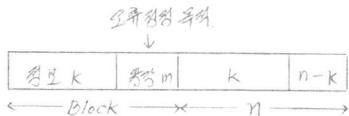

- 선형 Code : Hamming, BCH, R-S Code
- 순회 Code : CRC Code

45.4 Non Block Code
(1) 정의

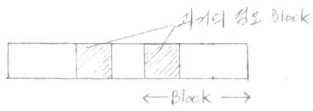

- Block 단위로 부호화는 실행되나 n 비트로 구성된 부호어가 k 비트로 구성된 현재의 정보 Block에도 영향을 받는 방식
- 부호기에 기억장치가 있어야 하며 복잡한 구조를 가지나 에러 정정 능력이 우수

(2) 종류
- Convolution, Viterbi Code 등

45.5 부호율과 용장률
- $Code\ rate = \dfrac{정보비트}{전체비트} = \dfrac{k}{n}$

$$- \quad Redundancy\ rate = \frac{검사비트}{전체비트} = \frac{m}{n}$$

45.6 부호화 이득

- 주어진 오류확률을 유지하면서 얻을 수 있는 E_b/N_0 감소량

$$Coding\ gain\,[\mathrm{dB}] = \left(\frac{E_b}{N_0}\right)_{uncoded}[\mathrm{dB}] - \left(\frac{E_b}{N_0}\right)_{coded}[\mathrm{dB}]$$

- 채널코드 사용해서 에러를 정정하면 주어진 비트 오류확률(P_b)에서 E_b/N_0를 줄일 수 있게 됨
- 즉, 적은 에너지 사용해서 큰 에너지를 사용한 것과 동일한 효과
- 그러나 추가적 비트 사용으로 대역폭은 증가

46. ARQ(Automatic Request for Repeat, 자동 재송요구)

46.1 개요
- 오류제어 기법에는 에러 검출 부호를 사용하는 ARQ와 에러 정정 부호를 사용하는 FEC 방식이 있음
- ARQ는 에러 검출 부호를 사용하여 에러를 검출한 결과 통신 회선에 착오가 발생한 경우, 수신 측은 에러의 발생을 송신 측에 알리고 송신 측은 에러가 발생한 블록을 재전송하는 방식
- 역방향 오류제어의 대표적인 기술

46.2 Stop and Wait ARQ

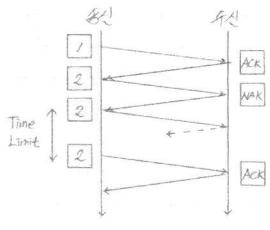

- 송신 측에서 하나의 프레임을 전송한 후 수신 측 응답을 기다리는 기법
- 수신 측에서 에러가 없을 경우에는 ACK 응답을, 에러가 발생한 경우에는 NAK 응답을 전송
- 구현 방법은 단순하지만 전송 효율이 낮음

46.3 Go back N ARQ

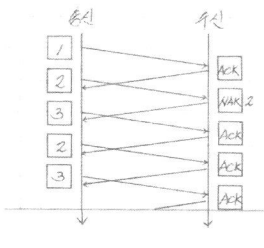

- 송신 측에서 프레임에 순서번호를 부여하여 전송한 후 수신 측에서 에러가 발생한 프레임의 순서번호를 응답하면
- 송신 측은 오류가 발생한 블록으로 되돌아가 그 이후의 블록을 모두 재전송하는 방식
- 프레임의 수신이 순차적이며 전송 효율이 향상

46.4 Selective ARQ

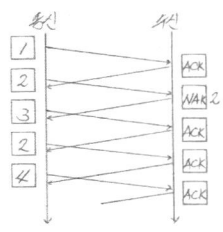

- 송신 측에서 NAK 응답을 받으면 에러가 발생한 프레임만 재 전송하는 방식
- 전송 효율은 좋으나 수신 측에서 순서제어를 위한 논리회로 및 큰 용량의 버퍼를 필요로 하며, 구현 방법이 복잡

46.5 Adaptive ARQ

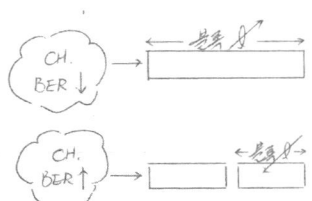

- 채널의 효율을 최대화 하기 위하여 에러 발생 비율이 높은 경우에는 블록의 길이를 작게 하고, 에러 발생 비율이 낮은 경우에는 블록의 길이를 크게 하는 방식

46.6 ARQ 방식별 비교

구 분	Stop & Wait	Go Back N	Selective
전 송	블록단위	연속	연속
Duplex	Half	Full	Full
순서번호	×	○	○
프레임 수신	순차적	순차적	재조립
수신응답	오버헤드 큼	오버헤드 감소	오버헤드 감소
전송효율	낮음	높음	높음
복 잡 성	간단	효율적	큰 버퍼, 복잡
적용 프로토콜	BSC, BASIC	HDLC	SDLC

47. H-ARQ(Hybrid ARQ)

47.1 개요

- ARQ는 기존에 수신된 데이터의 재활용이 안 되고 채널 상태에 무관하게 부호화율이 고정되어 있는 단점의 보완이 필요
- H-ARQ는 PHY 계층의 FEC와 Link 계층의 ARQ 방식을 결합하여 상호 단점을 보완한 오류제어 기술
- 시간에 따라 변하는 채널환경에서 채널환경이 양호한 경우 오류정정이 가능하게 되며, 시스템 측면에서 전송되는 부가정보의 양이 적어 시스템 효율이 증대

47.2 H-ARQ

(1) 개념

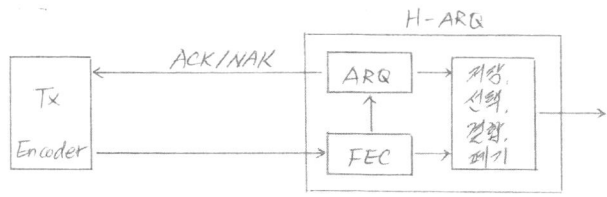

- 데이터 전송 시 채널 코딩에 의한 오버헤드를 줄이기 위해 에러정정 기능을 위한 부가정보를 수신 측 요구에 따라 적절히 가변하여 전송하는 기법

(2) 동작과정
- FEC는 PHY 계층에서 수신한 데이터의 에러를 검출 및 정정하여 상위 Link 계층으로 보냄
- ARQ는 Link 계층에서 에러검출을 수행하고 에러 발생 시 송신 측에 재전송을 요청

(3) 특징
- FEC와 ARQ 방식을 결합하여 상호 단점을 보완
- 시간 다이버시티 이득 및 수신 신호의 결합 이득도 획득

- 물리계층 수준에서의 재전송으로 지연시간이 감소
- 용장 비트의 부가량이 적으므로 시스템 효율이 증가
- 무선채널 특성에 의한 성능 저하를 해결

47.3 H-ARQ의 요소 기술

(1) CC(Chase Combining)
- 수신 데이터에서 에러검출 시 NAK를 송신 측으로 송부하여 재전송된 데이터와 이전 데이터를 적절히 결합

(2) Selection
- 원 신호와 재전송된 데이터를 결합하지 않고 좋은 쪽을 선택

(3) IR(Incremental Redundancy)
- 송신 측에서 NAK 수신 시 부호화율을 변경하여 수신 측으로 재전송

47.4 활용

- H-ARQ는 4G의 기반 기술로써, 이미 3G 기반인 EVDO, HSDPA 등에 채택
- Burst하게 발생하는 패킷 데이터 서비스의 처리율 향상 및 전송채널의 동작 SIR(Signal to Interference Ratio)을 낮출 수 있어 시스템 효율 및 신뢰성을 향상시키는 오류 제어 기술

☞ 멘토 기술사

ARQ(Autometic Repeat reQuest) 성능은 전송신뢰성, 지연과 지연변이, 전송률 등의 관계로 평가 됩니다. 재전송이 많아지면 신뢰성은 높아지나 전송지연이 발생하고 전송률이 떨어지게 됩니다.
음성, 영상서비스 등 신뢰성보다는 실시간성이 필요한 지연에 민감한 서비스에는 링크 간 채널환경에 따른 과도한 재전송은 문제가 될 수 있습니다.
또 FEC(Forward Error Checking) 방식은 잉여비트 추가 전송으로 상대적으로 낮은 효율성을 나타냅니다.
따라서 고속성이 중요시되는 현재 통신환경에서는 링크 채널환경에 따라서 최적의 에러제어를 할 수 있는 H-ARQ 방식을 선호하게 되고, 통신채널환경이 열악한 WCDMA, LTE 등 이동통신 분야에서 주로 사용됩니다.

---

48. CRC(Cyclic Redundancy Check, 순환 잉여 검사)

48.1 개요
- Parity, Block Sum 등의 에러 검출 부호는 집단 에러 검출에 취약
- CRC 방식은 다항식 코드를 이용하여 집단 에러를 검출하는 기법
- OSI 2계층 프레임 구조에서 오류 검출을 위한 FCS에 많이 사용

48.2 CRC
(1) 개념
- 연속으로 전송되는 일련의 데이터 비트 마지막에 다항식 코드를 사용하여 작성된 검사용 비트 시퀀스(FCS)를 부가하여 오류를 검출하는 방식

(2) 원리

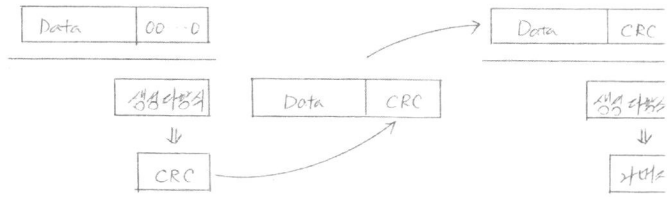

- 송신 측
  - ▶ 전송할 데이터를 CRC 비트 수만큼 차수를 곱해 '0'으로 채운 후
  - ▶ 생성 다항식을 선택하여 나누어 나머지를 생성
  - ▶ 생성된 나머지는 CRC Code로 메시지에 붙여서 전송

- 수신 측
  - ▶ 수신된 전체 프레임을 생성 다항식으로 나누어
  - ▶ 나머지가 '0'이면 에러가 없음, 아니면 에러 발생

(3) 생성 다항식 종류
- CRC-ITU-T : $G(x) = X^{16} + X^{12} + X^5 + 1$
- CRC-16 : $G(x) = X^{16} + X^{15} + X^2 + 1$

(4) 특징
- 궤환형 레지스터를 사용하기 때문에 구성이 간단
- 집단에러 검출 능력이 우수
- 생성 다항식이 $x+1$의 인수를 가진다면 모든 홀수 개 비트의 에러 검출가능
- CRC Code의 길이와 같거나 작은 집단에러 검출가능

48.3 활용
- 이더넷, HDLC, BASIC, IEEE 802.11 등 MAC 계층에서 정의된 프로토콜로, 송수신 대국 간에 전송 중 발생된 에러를 검사

49. Hamming Code

49.1 개요
- 에러 검출 부호들은 에러를 검출만 할 뿐 정정은 불가능
- 해밍 부호는 단일 비트의 에러를 검출하여 정정까지 가능한 선형 부호
- 에러 정정을 위한 재전송 요구 시간을 제거하여 데이터 전송 신뢰도를 개선

49.2 해밍 부호

(1) 부호 길이 조건
- $2^m \geq n+1 = k+m+1$, $n = k+m$

  (n : 전송 비트 수, m : 패리티 비트, k : 정보 비트 수)

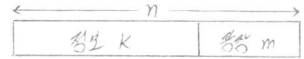

(2) 해밍 부호 생성
- 해밍비트 위치
  - ▶ 2^n승 자리마다 삽입
- 해밍비트 생성
  - ▶ 정보비트가 '1'인 위치 번호(10진수)를 2진수로 변환한 후 모두 EX-OR함으로써 계산
- 에러 정정
  - ▶ 수신된 정보비트가 '1'인 위치와 해밍비트를 EX-OR 연산하여 나온 2진수의 10진수 변환 값이 에러가 난 비트의 위치
  - ▶ 연산 결과가 '0'이면 에러 발생 없음

49.3 해밍 부호 생성 및 정정 예
- 정보비트 $k = 1100110$인 경우,

(1) 해밍 코드 생성

1) 해밍 비트 수 m : $2^m \geq k+m+1$, m = 4
2) 해밍 비트 위치

11 10 9 8 7 6 5 4 3 2 1
1 1 0 H 0 1 1 H 0 H H

3) 해밍 비트 생성

10진 비트위치	2진수
11	1011
10	1010
6	0110
5	0101
EX-OR	0010

4) 전송 비트

1 1 0 0 0 1 1 0 0 1 0
해밍 비트

(2) 에러 정정

1) 수신 비트 : 11 10 9 8 7 6 5 4 3 2 1
0 1 0 0 0 1 1 0 0 1 0
↑
Error

2) 에러 검출

10진 비트 위치	2진수
10	1010
6	0110
5	0101
2	0010
EX-OR	1011

3) 에러 정정

- 계산 결과 1011(①) 위치의 비트가 에러로 검출됨.
- 10진수로 변환하면 11번째 비트이므로 체당 비트를 반전시켜 에러 정정을 함.

50. Hamming Distance

50.1 정의
- 같은 bit 수를 갖는 2진 부호 비교 시 대응되는 bit 값이 일치되지 않는 것의 개수
- 검출 가능한 에러 수 : $d_{min} - 1$개
- 정정 가능한 에러 수 : $t \leq \dfrac{d_{min} - 1}{2}$ 개

50.2 용장비트 부가에 의한 오류 정정
- 해밍 부호는 Hamming Distance가 $d_{min} = 3$이므로 2비트의 정보에 3비트의 용장 비트를 부가하면 1비트의 오류를 정정

(1) $d_{min} = 1$일 때,

- 해밍거리가 '1'이므로 한 비트의 오류도 인접 부호로 전이

(2) $d_{min} = 3$일 때,

- 해밍거리가 '3'이므로 한 비트의 오류일지라도 인접 부호로 전이되지 않음
- '01111' 수신 시,
  - ▶ '00000' → $d_{min} = 4$

▶ '10101' → $d_{\min} = 3$

▶ '11110' → $d_{\min} = 2$

▶ '01011' → $d_{\min} = 1$로 오류 정정

50.3 용장비트 부가에 의한 부호화

- 해밍거리 $d_{\min} = 3$으로 부호화 시,

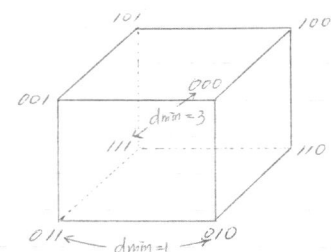

▶ '1'은 '111'로 '0'은 '000'으로 부호화 하면 해밍거리 $d_{\min} = 3$

▶ 2진 데이터 '11001' 전송신 변환 부호는 '111 111 000 000 111'

- 수신된 비트가 '111 110 001 000 111'이라면,

▶ '110'은 '111' 해밍거리 $d_{\min} = 1$로 한 비트 오류를 정정

▶ '001'또한 '000'과 해밍거리 $d_{\min} = 1$로 한 비트 오류의 정정이 가능

51. Interleaving

51.1 개요
- 무선통신에서 순간 잡음에 의해 발생하는 연집에러는 트래픽의 내용을 심각히 손상시킴
- 인터리빙은 부호어를 분산시켜 연집에러가 발생하더라도 랜덤성 에러로 변환시키는 부호어 재배열 기법
- 연집에러에 대한 내성 강화를 위해 주로 사용

51.2 인터리빙
(1) 블록 인터리버 구성

- 부호어를 행으로 쓰고 열로 읽는 방식으로 버퍼를 사용하여 쉽게 구현 가능
- 입력 데이터가 '1,2,3,4… …20'일 때, 출력 데이터는 '1,5,9,13… …20'으로 부호어를 분산시켜 비트와 비트를 서로 독립적으로 배치시킴

(2) 사용 목적
- 무선 구간에서는 페이딩에 의해 전송 데이터의 일부분을 한꺼번에 잃어버리는 연집에러가 자주 발생
- 연집에러의 경우 다수 비트군에 영향을 미치게 되어 메시지 전체의 복원에 치명적
- 인터리빙을 이용하여 버스트성 에러를 랜덤성 에러로 변환시키면 에러 정정 코드를 이용하여 메시지를 올바르게 복원 가능

51.3 IS-95A 활용 예

- CDMA 이동통신시스템에서는 연집에러의 극복 목적으로 인터리빙을 사용
- 역방향 통화 채널을 위한 인터리빙은 18×32 행렬을, 순방향 통화 채널에서는 16×24 행렬을 이용

※ 참고

인터리버의 종류와 크기는 사용하는 오류 정정 부호와 채널의 주파수, 페이딩 시간의 정도, 인터리빙에 따른 지연을 모두 고려하여 결정해야 한다.

---

52. Convolution Code

52.1 개요
- 오류 정정 부호는 부호화 이득을 얻을 수 있어 적은 전력으로 오류확률 저하를 방지
- 콘벌루션 부호는 비블록 부호로 데이터의 현재 값뿐만 아니라 과거 데이터에 의해서 오류를 제어하는 방식
- 오류 정정 효율이 우수해 IS-95 등의 이동통신 분야에 사용

52.2 콘벌루션 부호
(1) 부호화기 구성

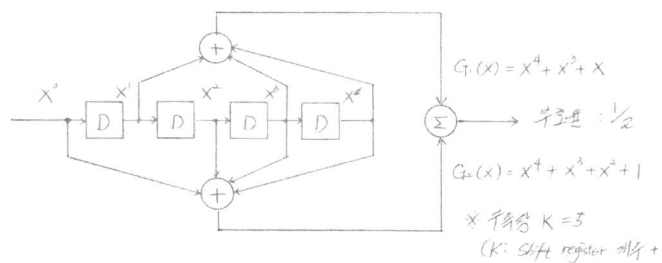

- Shift Register, modulo-2 연산기, 스위치의 3부분으로 구성
- 1개의 심볼 비트를 v개의 확장비트로 전송

(2) 디코딩 과정
- Decoding Tree를 만들어 놓고 이것을 따라 가면서 가능성이 높은 코드단어를 찾아냄

52.3 콘벌루션 부호의 특징
- 연집오류에 대한 정정능력이 매우 우수
- 블록코드와 달리 기억장치를 가지고 있어 구조가 복잡
- 구속장이 클수록 오류 방지율이 높아지나, 부호화기의 복잡도는 지수함수적으로 증가

52.4 활용 예

(1) IS-95A

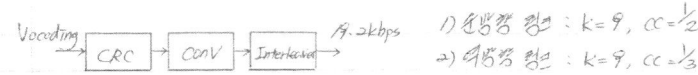

- 순방향 링크는 전력 환경이 우수하여 부호율 1/2인 콘벌루션 부호화기를 사용하며, 전력 환경이 열악한 역방향 링크는 부호율 1/3인 콘벌루션 부호화기를 사용
- 적은 전력이지만 코딩이득을 얻을 수 있어 오류 확률 저하를 방지

(2) T-DMB

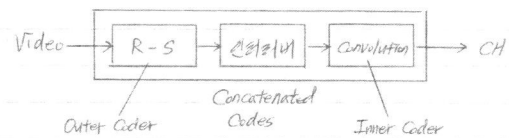

- T-DMB에서는 2개의 부호기를 함께 사용하는 연접 부호를 사용
- 채널오류 극복 목적으로 Inner Coder에 콘벌루션 부호기를 사용

53. Turbo Code

53.1 개요

- 콘벌루션 부호는 오류 정정능력은 뛰어나지만 직렬회로이므로 고속 데이터 전송 시 처리속도가 느린 단점이 있음
- 터보 부호는 인터리빙에 의해 병렬로 회로를 구성하여 높은 처리속도와 큰 부호화 이득을 얻어내는 기술
- 고속 데이터 전송 시 발생하는 연집오류를 효율적으로 복원이 가능하며 3G 이동통신, Media-FLO 등에 사용

53.2 2G와 3G 이동통신의 오류 특성

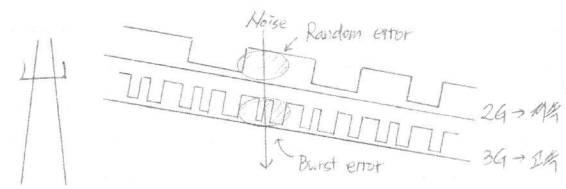

- 데이터 속도가 고속이 될수록 산발적으로 발생되는 랜덤 에러특성이 집합적으로 발생되는 버스트 에러 특성을 나타내게 됨
- 고속에서 발생되는 버스트 에러를 극복하기 위해서는 콘벌루션 코드의 구속장 길이를 길게 해주어야 하지만
- 구속장 길이가 길어지면 구현의 어려움뿐만 아니라 채널코딩의 처리시간이 길어지는 문제가 발생
- 이와 같은 문제점을 해결하기 위해 고속 데이터 전송 시에는 터보코드를 사용

53.3 Turbo Code

(1) 부호기 구성

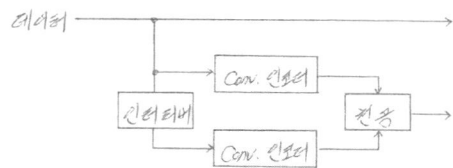

 - 각기 다른 인터리빙에 의해 두 개 이상 인코더를 연결한 구조로 큰 코딩이득을 획득
 - 인코더는 규칙적으로 순환하는 콘벌루션 부호기로 구성

(2) 특징
 - 각기 다른 인터리빙에 의해 큰 코딩이득을 획득
 - Shannon의 한계에 가까운 에러 정정 성능
 - 2개 이상의 분리된 디코더가 필요로 하여 복호기의 복잡도가 증가
 - Recursive(순환) 구조의 연산 가능
 - 순환 반복이 많아질수록 성능 우수

※ 참고

IMT-2000 시스템에서 에러정정을 위한 채널 코딩 방식으로 Convolution Code와 Turbo Code를 사용한다. 저속의 데이터에 대해서는 Convolution Code를 사용하고 고속의 데이터에 대해서는 Turbo Code를 사용하며 OFDM 기반의 이동멀티미디어 방송인 Media-FLO에서도 Turbo Code를 사용한다.

---

54. LDPC(Low Density Parity Check)

54.1 개요

- Turbo 부호는 높은 복잡도와 큰 Block Length의 순차적인 계산방식에 의해 긴 복호지연을 가지는 단점이 있음
- LDPC 부호는 Turbo 부호와 비교할 때, 복잡도와 계산량이 절반 정도이며, 병렬구조로 동작할 수 있어서 복호 지연을 줄일 수 있는 블록부호의 일종
- 섀넌의 한계에 근접하는 매우 우수한 오류 정정능력을 가지고 있어 4G 이동통신 시스템 등에 적용

54.2 Turbo Code와 LDPC Code 비교

	터보 코드	LDPC 코드
블록길이	작은 블록에 사용	큰 블록에 사용
인터리버	사용	불필요
Error Floor	발생	발생하지 않음
복잡도	높음	낮음
처리속도	속도 향상이 곤란	속도 향상 용이
적 용	3G	4G

54.3 LDPC의 특징

- Parity Check Matrix는 랜덤하고 균등한 Weight를 가짐
- SNR 떨어지는 통신환경에서 양호한 오류정정 성능 발휘
- 인터리빙된 효과를 가지고 있어서 부가적인 인터리버가 불필요
- 안테나의 수에 따라서 다양하게 변하는 시공간 부호화된 시스템의 데이터 전송률에 적절하게 대처
- 선형 블록 부호로 가변길이, 가변 부호율을 지원하는 측면에서 제약이 따름

54.4 LDPC의 표준화

- DVB-S, IEEE 802.16 국제 표준으로 채택
- IEEE 802.11n, 802.22 등에 적용되어 표준화 진행 중

55. R-S(Read-Solomon) Code

55.1 개요
- BCH 부호는 임의로 발생하는 랜덤한 오류를 정정할 수 있는 대표적인 선형 블록 부호
- R-S 부호는 심볼 단위 BCH 코드의 일종으로 연집에러(Burst Error)를 검출하고 정정하는 데 사용되는 선형 블록부호
- DTV, T-DMB 등에서 발생하기 쉬운 연집에러를 검출하고 정정하는 데 사용

55.2 Read-Solomon 부호
(1) 부호 구성

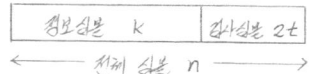

- t개의 에러 정정을 위해서 정보 심볼에 $2t$개의 검사 비트를 부가

(2) 오류검사 심볼 수 : $n - k = 2t$

(3) 오류 정정가능 심볼 수 : $t = \dfrac{n-k}{2}$

(4) 최소 해밍거리 : $d_{\min} \geq 2t+1 = n-k+1$

55.3 활용 예
(1) T-DMB
- T-DMB에서는 2개의 부호기를 함께 사용하는 연접부호를 사용하며, 정해진 E_b/N_0에서 오류 확률을 줄이기 위해 Outer Coder에 R-S 부호를 사용

(2) ATSC
- 심볼 단위의 짧은 연집에러의 정정을 위해 R-S 부호를 사용

56. Concatenated Codes(연접 부호)

56.1 개요

- 오류 정정 부호는 부호화 이득을 얻을 수 있으므로 주어진 비트 오류 확률에서 E_b/N_0를 줄일 수 있음
- 연접 부호는 2개의 부호기를 함께 사용하여 연집 오류와 랜덤 오류에 강력한 정정 능력을 갖도록 한 부호방식
- T-DMB, DVB-S2 등에 활용

56.2 Concatenated Codes

(1) 정의

- 연접 부호는 2개의 부호기를 함께 사용하여 연집 오류와 랜덤 오류에 강력한 정정 능력을 갖도록 한 부호방식
- Inner Code와 Outer Code로 구성

(2) 코드 구성

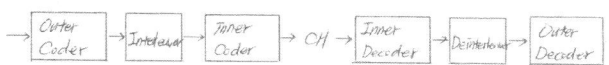

- Outer Code : 정해진 E_b/N_0에서 오류 확률을 줄이기 위해 Reed-Solomon Code 등을 사용
- Inner Code : 변복조기 및 통신 채널과 접속되며, Channel Error 극복을 목적으로 Convolution Code 등을 사용
- Interleaver : Inner Code와 Outer Code 사이에 사용하여 보다 긴 Burst Error 정정

56.3 T-DMB 활용 예

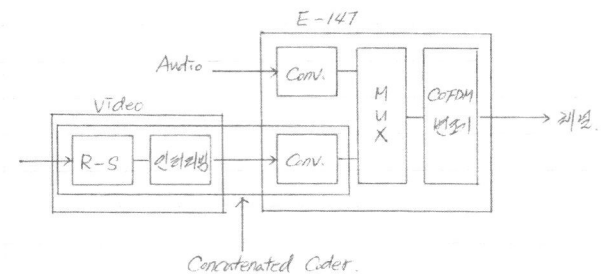

57. 디지털 전송 방식

57.1 개요
- 디지털 회로 내에서 신호처리에 이용되는 단류 방식의 2진 비트는 장거리 전송에 부적합
- 디지털 정보의 전송 시 장거리 전송을 위해 전송로의 특성에 알맞은 형태로 신호 변환을 수행
- 디지털 전송 방식에는 데이터 신호를 부호화하여 전송하는 기저대역 전송과 반송 파에 의해 스펙트럼 천이되어 전송하는 반송대역 전송방식이 있음

57.2 디지털 전송 방식
(1) 기저대역 전송

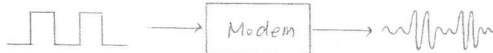

- 디지털화된 데이터를 그대로 보내거나 전송로의 특성에 알맞은 부호로 변환하여 전송하는 방식
- 감쇠 등의 문제가 있어 전송거리가 짧은 중소 규모의 데이터 전송에 이용

(2) 반송대역 전송

- 디지털화된 데이터를 반송파에 의해 디지털 변조하여 아날로그 신호형태로 전송 하는 방식
- 전송거리가 길고 전송용량이 큰 대규모 전송에 이용

57.3 디지털 전송 방식 비교

구 분	기저대역 전송	반송대역 전송
스펙트럼	스펙트럼 유지	스펙트럼 천이
전송 거리	중·단거리	장거리
선로 대역폭	광대역	협대역
통신매체	유선	유·무선
논리채널 구성	물리적 회선 수와 동일	하나의 물리 회선 내 다수 채널
적 용	DSU, CSU	Modem

※ 참고

디지털 전송방식에서 고려사항으로 Break-even Point가 있다. Break-even Point는 전송구간의 길이에 따른 반송대역과 기저대역 전송의 경제성 경계 구간으로 Break-even Point보다 더 긴 설계구간에는 반송대역 전송이 유리하게 된다.

58. 기저대역 전송(선로 부호화)

58.1 개요

- 디지털 회로 내에서 신호처리에 이용되는 단류 방식의 2진 비트는 장거리 전송에 부적합
- 기저대역 전송은 2진 비트의 장거리 전송을 위해 전송로의 특성에 알맞은 부호로 변환하여 전송하는 방식
- 감쇠나 잡음의 영향을 받기 쉬워 중·단거리 전송에 주로 사용

58.2 기저대역 전송 계통도

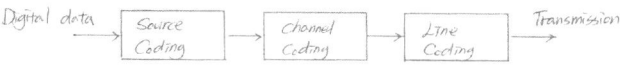

구 분	Source Coding	Channel Coding	Line Coding
목 적	Redundancy 감소	BER 감소	장거리 전송
종 류	Huffman Code 등	CRC 등	AMI, CMI 등

58.3 기저대역 전송부호

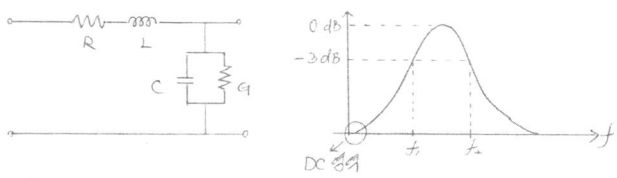

- 전송로는 필터 특성으로 모델링 될 수 있으며, 감쇠의 영향이 적은 전송을 위해서 신호의 스펙트럼 모양이 중요

(1) 전송부호의 사용 목적
- DC 성분의 제거
- 동기 신호의 충분한 제공
- ISI, Jitter, 누화, 왜곡 등 각종 방해의 억제
- 에러 검출 등 전송상태 감독
- 전송 대역폭 조정(감소)

(2) 특징
- 신호 자체가 직류 성분이므로 감쇠나 잡음에 민감
- 신호의 대역폭이 넓어 광대역 선로를 사용
- 장거리 전송을 위해서는 재생중계기 등의 사용으로 회선설비 비용증가

58.4 전송부호 형식

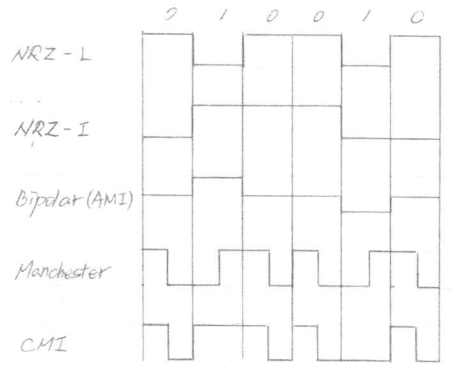

구 분	특 징
NRZ	− 구현 간단하나 전력 소모가 많고 동기유지가 곤란 − 파형 왜곡 영향이 적고 점유대역이 적음
RZ	− 각 비트마다 신호의 천이로 비트 동기유지 가능 − 전력 소모가 적으나 잡음 면역성이 떨어짐
Bipolar (AMI)	− 파형의 평균값이 '0'으로 DC 성분이 포함되지 않음 − 부호 오류의 검출이 가능하나 0부호 연속 억압기능 부재
Manchester	− Timing 정보 획득이 용이하고 DC 성분 억압되나 대역폭 이 증가
CMI	− AMI와 Manchester의 장점을 취합 − 구현이 복잡

58.5 0 연속 억압 부호

(1) BnZS(Bipolar n Zero Shift)
− 동기제공 등의 목적으로 n개의 '0' 부호가 연속될 때 Bipolar 규격에 위배되는 Pulse를 의도적으로 포함시킨 부호
− $n = 6$일 때, 연속된 '0'을 "B0VB0V"로 치환(B : Bipolar, V : Violation)

(2) HDBn(High Density Bipolar n)
− 동기제공 등의 목적으로 연속된 '0' 부호를 특수한 Pattern으로 치환한 부호
− $n = 3$일 때, 첫 번째 '0' 부호가 $n+1$이면 "000V", 두 번째 '0' 부호가 $n+1$이면 "B00V"

58.6 2원 부호의 전력밀도스펙트럼
− 전력밀도스펙트럼은 1[Hz]당 어느 정도의 전력[W]이 분포하는가를 나타냄

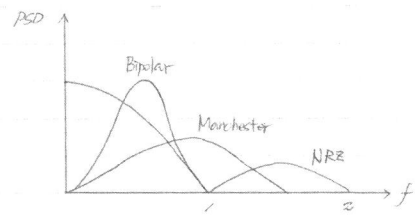

- NRZ 부호는 직류근처 방해신호의 영향으로 Baseband 전송에 적합하지 못함
- Manchester 부호는 직류에서 전력이 '0'이고 저주파 대역에서 비교적 낮은 전력을 가지나 넓은 대역폭이 요구되어 LAN 분야에 주로 사용
- Bipolar 부호는 직류에서 전력밀도스펙트럼이 존재하지 않고 점유대역이 적으므로 Manchester와 함께 Baseband 전송부호로 적합

※ 참고

이더넷에서는 MAC Controller와 PMA 사이에서 동기정보 획득이 용이한 Manchester 코드를 사용하지만 물리매체에서는 대역폭 절감을 위해 NRZ-I 코드를 사용한다.

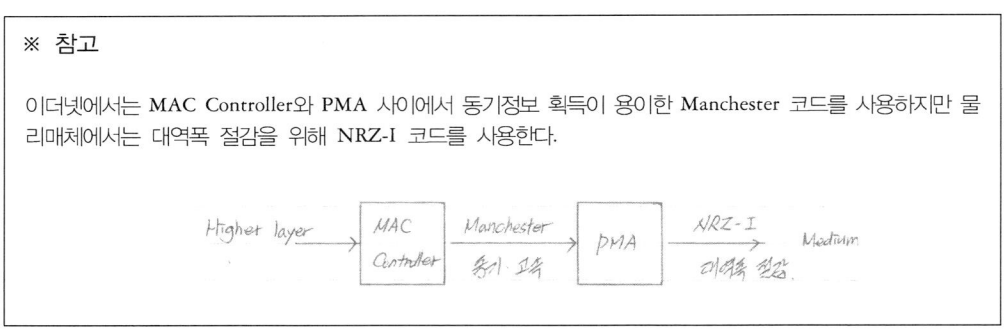

59. 디지털 변조

59.1 개요
- 디지털 정보신호를 연속함수 형태의 반송파를 사용하여 변조하는 방식
- 아날로그 정현파 반송파의 진폭, 주파수, 위상을 변화시키거나 진폭과 위상을 동시에 변화시켜 전송

59.2 2진 디지털 변조 비교

구 분	ASK	FSK	PSK
대역폭	$B_{ASK} = 2f_b = \dfrac{2}{T_b}$	$B_{FSK} \simeq 3f_b = \dfrac{3}{T_b}$	$B_{PSK} = 2f_b = \dfrac{2}{T_b}$
오 율	$P_{e(ASK)} = Q\left(\sqrt{\dfrac{E_b}{2N_0}}\right)$	$P_{e(FSK)} = Q\left(\sqrt{\dfrac{E_b}{N_0}}\right)$	$P_{e(PSK)} = Q\left(\sqrt{\dfrac{2E_b}{N_0}}\right)$
검파방식	동기, 비동기	동기, 비동기	동기
심볼배치			
특 징	- 구성 간단, 경제적 - 채널상태에 민감 - 협대역	- 비선형 전송환경 적합 - 고속전송 곤란 - 광대역	- 구성 복잡 - 전송로 레벨변동에 강함 - ASK와 동일 점유대역

59.3 디지털 변복조 시스템 설계목표
- 디지털 변복조 시스템을 설계하는 경우에는 설계목표를 달성하도록 고려해야 함
  - ▶ 최대의 데이터 전송률
  - ▶ 최소의 전송 에러
  - ▶ 최소의 전송 대역폭
  - ▶ 최소의 전송 전력
  - ▶ 방해 신호에 대한 최대한 방지 능력
  - ▶ 회로 구성의 간소화, 경제적인 시스템 구현

60. ASK(Amplitude Shift Keying)

60.1 정의

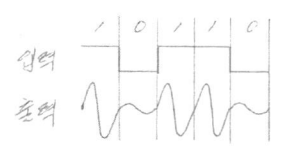

- 정보신호 '0'과 '1'에 대해 반송파의 진폭을 변화시키는 방식
- 2진 ASK는 일명 OOK(OnOff Keying)라고 함

60.2 일반식

$$S_{ASK}(t) = \begin{cases} 1 \text{인 경우} : A_1 \cos 2\pi f_c t \\ 0 \text{인 경우} : A_2 \cos 2\pi f_c t \end{cases}$$

60.3 ASK 변조회로

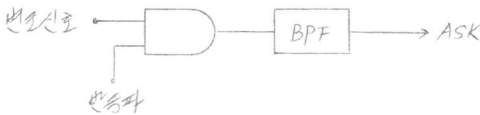

60.4 특징

- 구성 간단, 경제적
- 동기 검파 및 비동기 검파방식 모두 사용
- 채널 상태에 민감하며, 오류 확률이 큼
- 점유대역폭 : $B = 2f_b = \dfrac{2}{T_b}$
- 심볼오율 : $P_{e(ASK)} = Q\left(\sqrt{\dfrac{E_b}{2N_0}} \right)$

61. FSK(Frequency Shift Keying)

61.1 정의

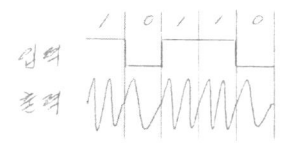

- 정보신호 '0'과 '1'에 대해 반송파의 주파수를 변화시키는 방식
- FM 방식처럼 각종 잡음 및 방해에 강함

61.2 일반식

$$S_{FSK}(t) = \begin{cases} 1 \text{인 경우} : A_c \cos 2\pi f_1 t \\ 0 \text{인 경우} : A_c \cos 2\pi f_2 t \end{cases}$$

61.3 특징

- 진폭 변화에 무관하므로 비선형 전송환경의 수신 시스템에 적합
- 상대적인 주파수 변화를 이용하므로 도플러 편이 등의 영향을 받지 않음
- 대역폭 효율이 좋지 않고 PSK 방식보다 BER 성능이 떨어져 고속 전송 곤란
- FM과 같이 Carson의 법칙을 이용해 필요 대역폭 계산가능
- 점유대역폭 : $B \simeq 3f_b = \dfrac{3}{T_b}$
- 심볼오율 : $P_{e(FSK)} = Q\left(\sqrt{\dfrac{E_b}{N_0}} \right)$

61.4 용도

- ASK 방식보다 오류 확률은 적으나 고속 정보전송이 곤란하여 $1200[bps]$ 이하 비동기식 모뎀, Pager 변조방식으로 사용

61.5 M진 FSK

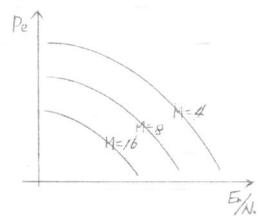

- M진 FSK에서는 진수 M이 증가할수록 오류확률 및 성능은 개선되나 대역폭이 증가하는 단점이 있음
- 에너지 효율 향상 변조방식으로 P_e 관리를 필요로 하는 군통신이나 FHSS 통신방식에 응용

61.6 FSK의 발전

FSK : Switching 으로 신간 파성의 불연속점 발생.
↓
CPFSK : Side Lobe 줄음
↓
MSK : Main Lobe 감소
↓
GMSK : 대역의 스펙트럼 에너지 줄음.

※ 참고

FSK 방식은 일정한 진폭 특성을 갖기 때문에 비선형성에 강한 방식으로 대역폭은 희생하지만 같은 오류확률에서 에너지 측면의 성능이 향상되는 에너지 효율 향상 방식이다.

---

62. BPSK(Binary Phase Shift Keying)

62.1 정의

입력 출력 (파형 그림)	– 정보신호 '0'과 '1'에 대해 반송파의 위상을 변화시키는 방식 – 일명 PRK(Phase Reverse Keying)

62.2 일반식

$$S_{PSK}(t) = \begin{cases} 1 \text{인 경우}: A_c \cos 2\pi f_c t \\ 0 \text{인 경우}: A_c \cos(2\pi f_c t + \pi) \end{cases}$$

62.3 특징

- 점유 대역폭은 ASK와 같으나 에러 특성은 우수
- 동기 검파방식만 사용 가능
- 전송로 등의 잡음, 레벨 변동 영향에 강해 심볼 에러 확률 적음
- 위상이 반전되는 현상에 의해 대역폭 증가
- 구성이 비교적 복잡
- 점유대역폭 : $B = 2f_b = \dfrac{2}{T_b}$
- 심볼오율 : $P_{e(PSK)} = Q\left(\sqrt{\dfrac{2E_b}{N_0}}\right)$

62.4 잡음, 페이딩에 의한 심볼오율 특성

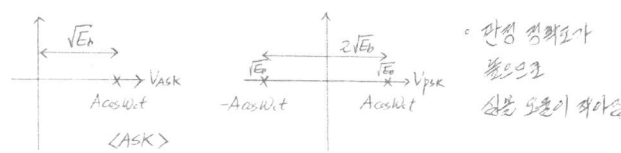

151

62.5 BPSK 복조

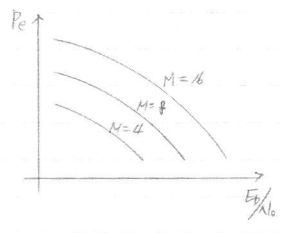

62.6 PSK의 발전

PSK : $M = 2$, $n = 1$

↓

QPSK : 전송 효율 향상

↓

OQPSK : Constant envelope 유지

↓

Sine filtered OQPSK (MSK) : Side lobe의 협대역화.

62.7 M진 PSK

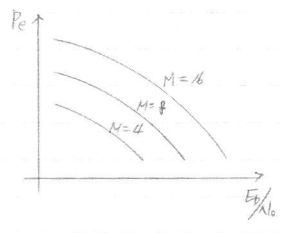

- PSK 방식은 M진 변조 시 M의 증가에 따라 오류확률이 증가하므로 성능이 악화되지만 대역폭 효율은 개선
- 대역폭 효율 향상 변조방식으로 대역폭 관리를 필요로 하는 상용통신, DSSS 통신 방식 등에 응용

63. CPFSK(Continuous Phase FSK)

63.1 개요
- FSK 방식은 반송파 주파수가 급변하는 스위칭으로 인해 위상의 불연속이 발생하여 대역폭이 증가하는 가장 큰 문제를 가짐
- CPFSK는 하나의 발진기를 사용하여 연속적인 위상변화를 갖는 주파수 편이 변조방식으로 FSK의 위상 불연속 문제 해결

63.2 CPFSK
(1) 개념
- 한 개의 발진기의 주파수를 입력정보 데이터 ±1에 따라 주파수 변조하여 연속적인 위상변화를 갖는 주파수 변조파를 얻게 되어 대역폭을 감소시킨 방식

(2) 일반식
$$S_{CPFSK}(t) = A cos\left(2\pi ft + hd\pi t / T_b\right) , \ 0 \le t \le T_b$$
$$\text{편이비} \ \ h = T_b \varDelta f = T_b(f_1 - f_2)$$

$t = T_b$를 가정하면,
$$\begin{cases} 0 \ \text{일 때}, \ d = -1 \ \text{이므로} \ hd\pi t / T_b = -h\pi[rad] \ \text{위상 감소} \\ 1 \ \text{일 때}, \ d = +1 \ \text{이므로} \ hd\pi t / T_b = +h\pi[rad] \ \text{위상 증가} \end{cases}$$

(3) 특징
- FSK의 장점인 비선형 전송환경에 강하며, 비동기 검파가 가능
- FSK의 단점인 위상 불연속 문제를 해결한 연속된 위상을 갖는 정포락선(Constant Envelope) 변조방식
- Side Lobe가 많은 단점이 있으며, MSK로 해결

63.3 MSK
(1) 개념
- CPFSK의 대역폭이 넓은 단점을 보완한 방식
- 편이비 $h = 0.5$ 를 갖는 대역폭이 가장 좁은 FSK 계열 변조방식

(2) 동작원리

－ 수신 시 검파된 심볼이 겹치지 않는 최소 주파수 간격 $\Delta f = f_1 - f_2 = \dfrac{1}{2T_b}$ 이므로

－ 최소주파수 편이비 $h = T_b \Delta f = T_b \times \dfrac{1}{2T_b} = 0.5$

－ $h = 0.5$, $t = T_b$ 를 가정하면

$$\begin{cases} 0 \text{ 인 경우 : } hd\pi t/T_b = -h\pi = -90° \text{ 위상 감소} \\ 1 \text{ 인 경우 : } hd\pi t/T_b = +h\pi = +90° \text{ 위상 증가} \end{cases}$$

－ 이 조건을 만족하는 FSK가 MSK

(3) 주파수와 위상 관계

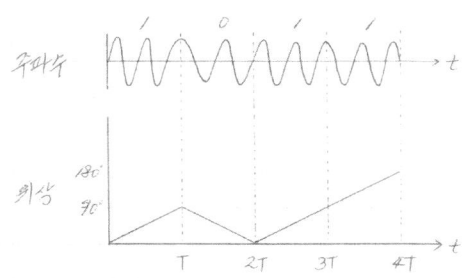

－ 데이터의 변화점에서 위상이 연속이 되고, 한 개의 데이터의 시작과 끝남으로 그 위상이 $+90°$ 또는 $-90°$로 변화

(4) 특징
－ CPFSK 방식 중 주파수 편이가 0.5로 가장 작은 방식
－ QPSK보다 Main Lobe의 폭은 넓지만 Side Lobe는 좁음
－ 연속된 위상을 갖는 정포락선(Constant Envelope) 변조방식

(5) 활용
－ 정포락선, 연속 위상, 비동기 검파 등의 우수한 변조특성으로 이동통신, 위성통신 등에 활용

(6) MSK와 QPSK의 전력밀도스펙트럼 비교

구 분	MSK	QPSK(OQPSK)
Main Lobe	QPSK의 1.5배	대역폭이 좁으므로 우수
Side Lobe	급격히 하락하므로 대역폭 효율 우수	MSK에 비해 대역폭 효율 낮음

- MSK는 Main Lobe가 QPSK의 1.5배에 달하긴 하지만, Side Lobe가 급격히 하락함으로써 QPSK에 비해 대역폭 효율이 높음

63.4 GMSK(Gaussian filtered MSK)
(1) 개념
- MSK의 장점을 가지며 한층 협대역화한 변조방식
- MSK의 Main Lobe 협대역화를 위해 입력 디지털 신호를 Gaussian LPF에 통과시켜 적절히 대역을 제한한 후 MSK 변조하는 방식
- 유럽 TDMA 이동통신시스템인 GSM의 표준으로 사용

(2) 변조 원리

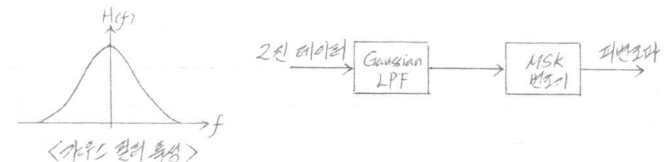

- Gaussian LPF는 집중에 근사한 전달함수 표현으로 주파수 스펙트럼의 대역폭이 넓어지지 않는 능률적인 전송이 가능

(3) 특징
- 대역 외의 스펙트럼에 대한 억압도가 매우 높음
- 스펙트럼 집중도가 매우 우수

(4) 오류확률

− GMSK, MSK, QPSK 동일 $P_e = 2Q\left(\sqrt{\dfrac{2E_b}{N_o}}\right)$

64. QPSK(Quadrature PSK)

64.1 개요

- PSK는 광대역 성질을 가지고 있으므로 M진 변조 시 스펙트럼 효율을 개선할 수 있음
- QPSK는 4개 위상의 심볼 상태로 심볼당 2비트를 변조하는 방식으로 PSK의 전송 효율을 향상
- 이동통신, 무선 LAN 분야의 변조방식에 사용

64.2 QPSK

(1) 변복조기 구성

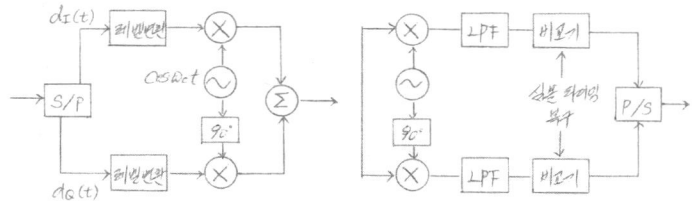

- 변조기 동작

  입력 데이터열을 I, Q 채널로 나누어 각각 $\dfrac{\pi}{2}$ 위상차를 갖는 2개의 반송파에 BPSK처럼 변조 후 벡터 합성하여 전송

- 복조기 동작

  2개의 BPSK 검파기를 병렬로 놓고 검파 출력을 합성한 것과 같은 구조로 정합 필터를 이용한 동기 검파방식만 사용 가능

(2) 일반식

$$S_{QPSK}(t) = [d_I(t)\cos\omega_c t - d_Q(t)\sin\omega_c t] = \alpha(t)\cos(\omega_c t + \theta(t))$$

$$\text{여기서 } \alpha(t) = \sqrt{d_I(t)^2 + d_Q(t)^2} = \sqrt{2}, \ \theta(t) = \tan^{-1}\frac{d_Q(t)}{d_I(t)}$$

(3) 진리표와 성상도

I-CH	Q-CH	위상
0	0	225°
0	1	135°
1	0	315°
1	1	45°

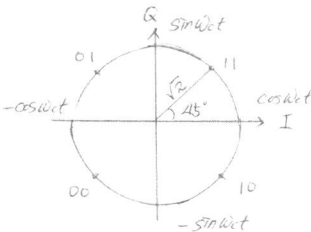

64.3 QPSK의 특징

- 두 개의 직교성 BPSK 신호의 합성과 동일
- BPSK와 비트 오류확률은 같으나 심볼 오류확률은 $\log_2 M$ 배만큼 큼
- BPSK보다 S/N 값이 3[dB] 저하
- 스펙트럼 효율은 BPSK보다 우수
- BPSK 방식에 비하여 송수신 시스템 구성이 복잡

64.4 Gray 부호의 할당

- 심볼 Mapping 시 사용하는 부호는 서로 이웃하는 심볼 사이에 수신 에러가 발생 하더라도 단지 한 비트의 에러만 발생하는 Gray Code를 사용

64.5 BPSK와 QPSK의 비교

구 분	BPSK	QPSK
심볼오율	$P_{e(PSK)} = Q\left(\sqrt{\dfrac{2E_b}{N_0}}\right)$	$P_{e(PSK)} = 2Q\left(\sqrt{\dfrac{2E_b}{N_0}}\right)$
스펙트럼 효율	$n=1$	$n=2$
전송 용량	$R=B$	$R=2B$

64.6 QPSK의 심볼오율

- BPSK의 심볼오율($P_{e,PSK}$)과 비트오율($P_{b,PSK}$)은 동일

$$P_{e, BPSK} = P_{b, BPSK} = Q\left(\sqrt{\frac{2E_b}{N_0}}\right)$$

- 동일한 AWGN 환경하에서 QPSK는 각 채널이 독립적이므로 비트오율은 BPSK의 비트오율과 같지만
- $\sqrt{2}$의 신호 크기를 갖는 QPSK 방식의 심볼오율은 BPSK의 심볼오율의 2배
- M진 심볼오율 = 2진 심볼오율 $\times \log_2 M$ 이므로
- QPSK의 심볼오율은

$$P_{e, QPSK} = Q\left(\sqrt{\frac{2E_b}{N_0}}\right) \times \log_2 M$$

$$= 2Q\left(\sqrt{\frac{2E_b}{N_0}}\right)$$

※ 참고

에너지(E_b)를 증가시키면 심볼 간 거리가 증가하게 되어 심볼오율을 경감시킬 수 있으나 전력 소비가 증가된다. PSK는 위상을 반전시켜 심볼 간 거리를 증가시키므로 심볼 간 동위상을 사용하는 ASK와 비교할 때 심볼오율이 낮아지게 된다.

65. OQPSK(Offset QPSK)

65.1 개요
- QPSK 방식에서 I, Q 채널의 2비트가 동시에 변하면, 위상이 $180°$로 급격히 변동하므로 PSK의 장점인 Constant Envelope을 유지하지 못함
- OQPSK는 I, Q 채널 중 한 채널을 $\frac{1}{2}T_s$ 즉, 1비트 시간(T_b)만큼 지연시켜 $180°$ 위상변화를 제거한 방식
- 심볼의 Zero crossing을 방지하여 Constant Envelope을 유지할 수 있음

65.2 OQPSK 변조기

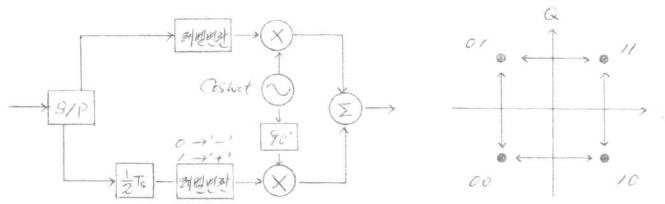

- 입력 데이터열을 I, Q 채널로 나누고 그 중 Q채널은 $\frac{1}{2}T_s$만큼 지연
- 각각을 $\frac{\pi}{2}$ 위상차를 갖는 2개의 반송파에 BPSK처럼 변조 후 벡터 합성하여 전송
- 2채널 간에는 $\frac{1}{2}T_s$만큼 지연시간이 존재하여 동시에 2비트가 변화되지 않으므로 피변조파에서 $180°$의 위상 변화점이 제거됨

65.3 OQPSK의 특징
- 피변조파의 위상변화는 $0°$와 $\pm 90°$에 국한
- 부엽이 감소하여 ICI를 감소
- 위상 불연속을 반으로 줄여 측파대 레벨도 반으로 감소
- 심볼오율은 QPSK와 동일

65.4 OQPSK 출력

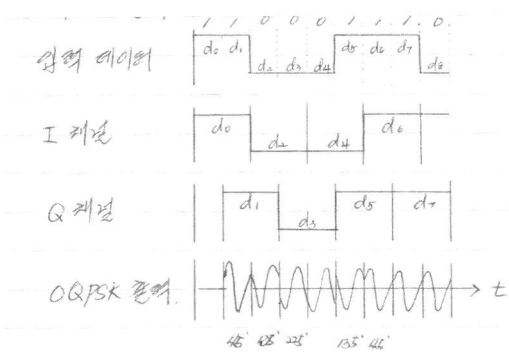

65.5 활용

(1) IS-95A/B
- 순방향 채널은 QPSK 변조방식을, 역방향 채널은 OQPSK 변조방식을 사용
- 이동통신 단말기의 HPA 비선형 특성에 의한 오차를 줄이기 위함

(2) IS-95C
- 순방향 채널은 CQPSK(Complex QPSK) 변조방식을 사용
- 역방향 채널은 OCQPSK(Offset CQPSK) 변조방식을 사용
- I, Q 채널의 누화 잡음을 제거하여 성능을 향상시키기 위함

(3) 위성통신
- 비선형 증폭기를 사용하는 경우 측파대 성분의 증가로 인한 인접 채널의 영향을 개선하기 위함

※ 참고

T-DMB에서의 DQPSK 변조의 사용은 수신기의 구조가 매우 간단하면서 채널 등화 성능이 우수하게 된다. 따라서 이동환경에서도 안정적인 수신이 가능하다.

---

66. QAM(Quadrature Amplitude Modulation)

66.1 개요

- 심볼의 상태수 M이 스펙트럼 효율을 결정하므로, 기존 디지털 변조의 스펙트럼 효율을 개선시킨 방식으로 QPSK, 8PSK, QAM 등이 있음
- QAM은 M진 PSK의 직교성 변조원리를 진폭변조까지 일반화시킨 방식으로, 정보신호에 따라 반송파의 진폭과 위상을 동시에 변화시키는 APK(Amplitude Phase Keying)의 한 종류
- 현존하는 디지털 변조 기술 중에 가장 고속으로 디지털 방송 등 고속 데이터 전송 분야에 활용

66.2 QAM

(1) 변조기 구성

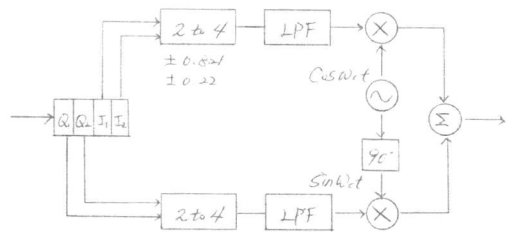

- Q_1, I_1 : 극성 결정(1은 '+', 0은 '−')
- Q_2, I_2 : 크기 결정(1은 0.821V, 0은 0.22V)
- 2 to 4 레벨 변환기는 2개의 입력을 받아 4개의 PAM 신호 발생(± 0.821, $\pm 0.22\,PAM$)
- 발생된 각 신호가 $\frac{\pi}{2}$ 위상차를 갖는 2개의 반송파에 곱해져 벡터 합성하여 16개의 QAM 심볼이 생성

(2) 일반식

$$S_{QAM}(t) = U_I(t)\cos 2\pi f_c t - U_Q(t)\sin 2\pi f_c t$$

$$= \alpha(t)\cos(2\pi f_c t + \theta)$$

$$\alpha(t) = \sqrt{U_I(t)^2 + U_Q(t)^2}, \quad \theta = \tan^{-1}\frac{U_Q(t)}{U_I(t)}$$

(3) 성상도

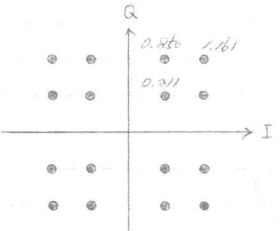

I - CH		Q - CH	
$I_1\ I_2$	전력[V]	$Q_1\ Q_2$	전력[V]
0 0	-0.22	0 0	-0.22
0 1	-0.821	0 1	-0.821
1 0	$+0.22$	1 0	$+0.22$
1 1	$+0.821$	1 1	$+0.821$

66.3 특징

- 2개의 직교성 DSB-SC 신호를 선형적 합한 것과 동일
- 소요 전송대역이 정보신호 대역폭 2배로 DSB-SC와 동일
- 동기검파방식만 사용 가능
- M진 QAM의 대역폭 효율은 $\log_2 M[bps/Hz]$
- 동일 심볼 수를 갖는 M진 PSK와 스펙트럼 효율은 동일하나 심볼오율은 우수

66.4 QPRS(Quadrature Partial Response Signaling)

- Partial Response Filtering시켜 스펙트럼 효율을 개선한 변조방식
- Cosine 함수 형태의 주파수 전달 함수 특성을 갖는 좁은 대역의 LPF 또는 BPF를 QAM 변조기 전단에 설치하여 사용

67. 디지털 변조의 특성 비교

67.1 개요

- 디지털 변조 방식별로 한 번에 전송할 수 있는 비트 수를 어떻게 가져가느냐에 따라 전송효율과 오류확률이 상이
- 전송하고자 하는 목표 속도와 전송매체의 특성에 따라 최적의 변조방법을 선택해야 함
- 디지털 변조의 특성 비교 항목으로 심볼오율, 에너지, 대역폭 효율 등이 있음

67.2 심볼오율

- ASK, FSK, PSK, QAM 등으로 오류확률이 우수하며, 진수 M이 증가할수록 전송 속도는 높아지지만 오류확률은 증가

$$M진 심볼오율(P_e) = 2진 심볼오율 \times \log_2 M$$

- BPSK 심볼 오류확률은 QPSK 심볼 오류확률의 $\frac{1}{2}$이지만, 비트 오류확률은 동일
- QPSK와 OQPSK의 심볼 오류확률 동일

67.3 에너지

$$M진 에너지 = E_b \times (\log_2 M)$$

- 진수 M이 증가할수록 에너지는 증가
- BPSK는 심볼당 에너지와 비트당 에너지가 동일
- 동일 P_e에서 ASK, FSK, PSK 순으로 E_b/N_0 값이 3[dB]($\sqrt{2}$배) 성능개선
- 동일 P_e에서 동기 방식이 비동기 방식보다 낮은 E_b/N_0 값을 요구하므로 성능은 우수하나 구성이 복잡

67.4 전송 대역폭

- 전송 대역폭은 변조방식에는 무관하고 대역폭 효율 n에 의해서만 결정

$$전송 대역폭 \ B = \frac{R}{n} = \frac{R}{\log_2 M}[baud], [\text{Hz}]$$

- 동일 $R[bps]$에서 QPSK가 BPSK보다 $\frac{1}{2}$ 대역폭만 필요로 함

67.5 대역폭 효율

- 대역폭 효율이 좋다는 것은 한 번에 전송할 수 있는 비트 수가 많다는 것으로 주어진 대역폭을 효과적으로 사용함을 의미

$$\text{대역폭 효율 } n = \frac{\text{비트율}}{\text{전송대역폭}} = \frac{R}{B} = \log_2 M \ [bps/\text{Hz}], \ [bit/symbol]$$

67.6 디지털 통신시스템의 성능

- 디지털 통신시스템의 성능은 E_b/N_0에 대한 BER로 판단

$$\frac{C}{N} = \frac{E_b}{N_0} \cdot \frac{R}{W}$$

※ 참고

디지털 변조 방식의 오율

$$ASK \ \ P(e) = \frac{1}{2}erfc\sqrt{\frac{E_s}{4N}} \quad (E_s = E_b)$$

$$FSK \ \ P(e) = \frac{1}{2}erfc\sqrt{\frac{E_s}{2N}} \quad (E_s = E_b)$$

$$PSK \ \ P(e) = \frac{1}{2}erfc\sqrt{\frac{E_s}{N}} \quad (E_s = E_b)$$

$$M-PSK \ \ P(e) = \frac{1}{2}erfc(\sin\frac{\pi}{M}\sqrt{\frac{E_S}{N}})$$

$$QPSK \ \ P(e) = erfc(\sin\frac{\pi}{4}\sqrt{\frac{2E_b}{N}}) = erfc\frac{1}{\sqrt{2}} \cdot \frac{\sqrt{2E_b}}{\sqrt{N}}$$

$$= erfc\sqrt{\frac{E_b}{N}} \quad (\because E_s = 2E_b)$$

$$M-QAM \ \ P(e) = (1-\frac{1}{L})erfc\sqrt{\log_2 L(\frac{3}{L_2-1})\frac{E_b}{N}} \quad L = \sqrt{M}$$

---

68. SNR, CNR

68.1 개요
- 통신시스템 전송과정에서 신호가 변형되거나 잡음이 부가되므로 성능 평가 시 신호 평균전력만을 고려하는 것의 큰 의미가 없으며, 신호전력과 잡음전력의 비를 평가하는 것이 중요
- 아날로그 전송의 성능평가 척도로 SNR, NF 등이 사용되며, 디지털 전송에서는 CNR, BER, E_b/N_0 등의 척도가 사용

68.2 디지털 통신시스템 계통

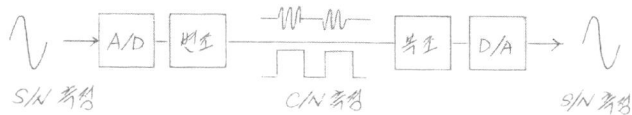

- 아날로그 통신은 반송파 자체에 신호가 직접 포함되어 있어 전송 중에 잡음이 혼입되면 신호에 영향을 미치므로 SNR로 성능을 평가
- 디지털 통신에서는 정보가 2진 데이터 형태로 반송파에 실리므로 잡음이 혼입되어 데이터에 열화를 주어도 원 정보에는 영향을 미치지 않으므로 CNR로 성능을 평가

68.3 SNR
- 신호 전력대 잡음전력의 상대적 크기를 나타내는 비

$$\frac{S}{N}[\text{dB}] = 10\log\frac{\text{평균 신호전력}(P_S)}{\text{평균 잡음전력}(P_N)}$$

- 아날로그 통신시스템 성능을 판단하는 중요한 척도
- 통신시스템의 성능이 절대적인 신호전력이 아닌 잡음전력에 대한 상대적인 신호전력으로 결정되기 때문

68.4 CNR

- 반송파 전력대 잡음전력의 상대적 크기를 나타내는 비

$$\frac{C}{N}[dB] = 10\log\frac{\text{평균 반송파 전력}(P_C)}{\text{평균 잡음전력}(P_N)}$$

- 주로 디지털 통신시스템의 성능을 평가하기 위한 척도로 무선 링크에서도 사용
- 디지털 통신의 경우 반송파대 잡음비가 2진 데이터 오류 검출확률에 영향을 미치므로 성능평가에 좋은 매개변수가 됨

68.5 CNR과 SNR 관계

$$\frac{C}{N} \propto \frac{S}{N}$$

- CNR이 충분히 클 때 복조기를 거쳐서 출력된 신호는 잡음의 영향이 적게 되므로 SNR은 CNR의 비례함수가 됨

68.6 정보 전송률과 BER 사이의 관계

- 신호대 잡음비 외에도 정보 전송률과 BER 사이의 관계를 보다 잘 나타내는 모수로는 E_b/N_o가 있음

$$\frac{S}{N} = \frac{E_b}{N_o} \cdot \frac{R}{W} , \quad \frac{E_b}{N_o} = \frac{S}{N} \cdot \frac{W}{R}$$

- E_b/N_o가 디지털전송에서 중요한 이유는 디지털정보의 BER이 SNR에 대한 감소함수가 되기 때문
- 주어진 대역폭의 채널에서 정보 전송률을 증가시키고도 비트 에러율을 같게 유지하려면, SNR를 높여야 함

68.7 맺음

- SNR은 아날로그 시스템 성능평가 요소로 신호레벨이 잡음레벨 이하로 떨어지면

통신이 불가
- CNR은 디지털 시스템 성능평가 요소로 과도한 잡음이 전송 시 오류를 유발할 수 있으나 디지털 방식의 이산적인 성질을 이용해 아날로그 시스템 대비 잡음과 왜곡 하에서도 통신이 가능
- 아날로그 통신시스템은 SNR이 성능 평가기준으로 사용되지만, 디지털 통신시스템에서는 2진 신호의 검출 오류확률이 성능평가의 척도가 됨

69. 잡음지수(Noise Figure)

69.1 개요
- SNR은 신호대 잡음의 비를 의미하며, 어떤 회로나 시스템을 통과하면 잡음이 증가되어 출력 SNR은 입력 SNR보다 항상 작아짐
- 잡음지수는 시스템이나 회로 블록을 신호가 통과하면서 얼마나 잡음이 부가되는지 나타내는 지표
- 시스템의 입력과 출력에서 잡음의 변화량을 나타냄

69.2 신호대 잡음비(SNR)
(1) 개념
- 신호전력대 잡음전력의 상대적 크기를 나타내는 비
- 아날로그 통신시스템의 성능을 판단하는 중요한 척도

$$SNR = \frac{평균신호전력(S)}{평균잡음전력(N)} \quad , \quad SNR[\text{dB}] = 10\log_{10}\frac{S}{N}$$

- $S = N$ 일 때, $SNR[\text{dB}] = 0[\text{dB}]$ 로, 잡음의 수준이 신호와 심하게 맞서기 때문에 신호 경계를 읽을 수 없게 됨

(2) SNR 평가
- $0[\text{dB}]$: 통화 불능상태($S = N$)
- $30[\text{dB}]$: 잡음은 있으나 통화가능($S : N = 10^3 : 1$)
- $60[\text{dB}]$: 무잡음 상태($S : N = 10^6 : 1$)

69.3 잡음지수(NF)
(1) 개념
- 시스템의 입력 SNR과 출력 SNR의 비
- 시스템의 내부잡음에 의한 SNR의 저하 정도를 나타냄

$$\text{잡음지수}(NF) = \frac{(SNR)_{in}}{(SNR)_{out}}$$

- 잡음지수가 적을수록 시스템에서 부가되는 잡음의 양이 적음
- 잡음이 없는 이상적인 시스템의 $NF = 1$

(2) 특징
- 실제의 시스템에서는 잡음이 부가되어 $NF > 1$
- 시스템 내부에서 발생한 잡음지수 $NF - 1$
- 이상적인 시스템의 잡음지수 $NF = 1$

69.4 다단 증폭기의 종합 잡음지수

(1) 개념
- 증폭기가 종속으로 연결되어 있을 때의 전체 잡음지수

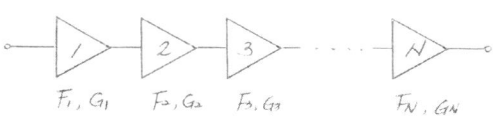

- Friis 전달공식에 의한 종합잡음지수 F는
$$NF total = NF_1 + \frac{NF_2 - 1}{G_1} + \frac{NF_3 - 1}{G_1 G_2} + \cdots + \frac{NF_4 - 1}{G_1 G_2 \cdots G_{N-1}}$$
- 종속으로 연결된 증폭기의 전체 잡음지수는 초단 증폭기의 잡음지수에 의해 결정

(2) 특징
- F는 F_1(전치 증폭기의 잡음지수)에 거의 의존($F \simeq F_1$)
- 다단 증폭기의 초단은 전력이득이 적고 잡음지수가 작은 증폭기를 사용하는 것이 바람직함($G_1 \gg 1$)

70. 정합필터(Matched Filter)

70.1 개요
- 신호의 전송과정에서 신호가 변형되거나 잡음이 부가되면 SNR이 저하되어 BER
  이 증가
- 정합필터는 통신시스템에서 신호는 강조하고 잡음은 억제시켜 성능을 개선할 수
  있는 필터
- 디지털 통신시스템의 동기 검파 시 심볼 판정에 사용

70.2 정합필터
(1) 개념

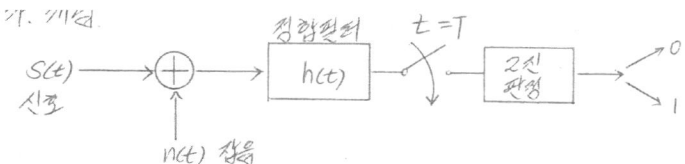

- 신호($S(t)$)가 전송 중에 잡음($n(t)$)이 부가되어 수신기에 입력되면, 정합필터의 출
  력은 신호가 수신기에 한 주기가 다 들어온 $t = T$인 순간에 신호의 최대 진폭이
  출력에 나타나므로 신호의 검출을 용이하게 하는 디지털 필터

(2) 구현
- $t = T$에서 정합필터의 출력은 신호와 임펄스 응답을 콘벌루션 하여 얻을 수 있음
- 정합필터의 임펄스 응답 $h(t) = S(T-t)$라 하면
- 정합필터의 출력

$$S_o(t) = \int_{-\infty}^{\infty} S(\tau) S(T-t+\tau) d\tau$$

$t = T$ 에서 판별하므로

$$= \int_0^T S(\tau) S(\tau) d\tau$$

$$= \int_0^T S^2(\tau) d\tau$$

- 정합필터의 출력은 입력신호의 에너지와 같음

(3) 특징
- White Gaussian Noise일 때, 최적 검파 수행
- 동기검파 방식으로 회로 구성 복잡
- 송수신기 간 시간 동기 필요
- 선형시스템 조건하에서 최적 검파

70.3 정합필터와 상관기

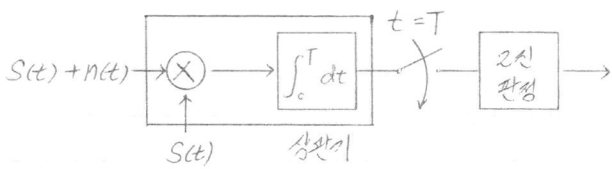

- 정합필터는 곱셈기와 적분기로 구성된 상관기로 구현 가능
- 입력신호가 한 주기 다 들어왔을 때인 $t = T$일 때가 최적 상태가 되며, 이때의 정합필터를 상관기라고 함
- 결과적으로 정합필터의 출력은 $S_o(t) = S(t) \, corr \, S(T-t)$로 자기상관과 같은 결과를 가짐

70.4 정합필터의 임펄스 응답

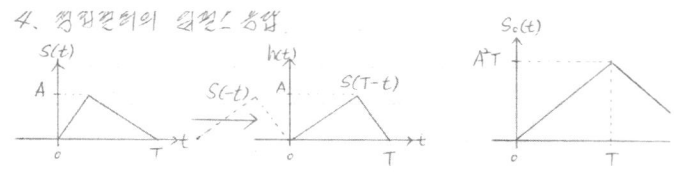

- 정합필터는 신호 $S(t)$의 영상(Image)을 T초만큼 이동시킨 것임
- 입력신호 $S(t)$가 실함수인 경우에 정합필터의 임펄스 응답은

$$h(t) = S(T-t)$$

70.5 맺음

- 디지털 통신시스템의 수신기는 전송 중에 부가되는 잡음의 영향을 감소시키는 정합필터와 전송채널의 진폭왜곡과 위상왜곡 등에 의해 발생되는 부호 간 상호간섭(ISI)의 영향을 감소시키는 등화기를 포함
- 디지털 통신에서는 펄스의 파형이나 크기는 별로 중요하지 않고, 펄스 존재유무의 정확한 판별이 중요
- 따라서 펄스의 폭 주기(T) 동안 펄스의 존재 유무를 판별하는 순간에 입력신호의 성분을 최대로 강조하고 동시에 잡음성분을 억제해서 펄스의 존재유무를 판별 시 에러확률을 가장 적게 하는 기능을 갖는 필터로 정합필터를 사용
- 이동통신 단말기, TV 수신기 등 대부분의 디지털 통신의 수신기에 사용되고 있음

☞ 멘토 기술사

디지털수신기 동기검파기에는 반드시 필요한 두 형제(제가 이름붙임)가 바로 Equalizer와 Matched Filter입니다. 에러(부가잡음) 때문에 정합필터를 사용하고 채널왜곡 때문에 등화기를 사용하는 거죠.

디지털 수신기에서는 파형의 모양은 중요하지 않고 0, 1을 판별하기만 하면 되는 거니까, 수신한 신호를 왜곡해도 아무 문제가 없는 것이고 보다 판별을 용이하게 하는 것이 더 중요합니다. 바로 이런 판별시점에서 신호는 최대로 잡음은 최저로 해서 디지털 오류를 줄이는 것이 정합필터의 목적입니다. 수식이 어려우면 개념이라도 정확히 익혀, 시험문제가 나오면 개념을 쓰시면 되는 겁니다.

아주 중요한 개념 하나를 더 설명해 드리고자 합니다.
이 개념을 아셔야 통신의 많은 부분들이 풀리게 될 거예요.

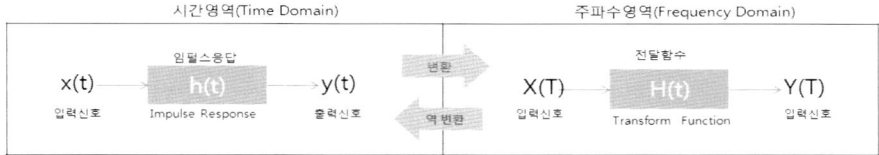

설명드리자면, 인간은 시간도메인에 살고 있기 때문에 어떤 신호를 오실로스코프로 볼 때 직관적으로 이해하기가 쉽죠. 하지만 신호를 계산하거나 신호처리를 하려고 하면 시간축에서는 답이 안 나오기 때문에 시간영역에서의 문제를 주파수영역에서 풀고 그 답을 시간 영역으로 다시 가져오는 절차를 거치게 되는 겁니다.

그래서 어떤 입력인 $s(t)$를 넣고 원하는 $y(t)$를 얻기 위해서는 $h(t)$를 구하면 되는데 시간 영역에서는 주파수가 믹서가 돼서 어떤 주파수들의 합성인지를 모르기 때문에 어쩔 수 없이 주파수 영역으로 넘어가서 $H(f) = \dfrac{Y(f)}{X(f)}$ 를 구하고 나서 $H(f) \rightarrow$ 푸리에 역변환 $\rightarrow h(t)$ 을 구하게 되는 거죠.

여기서 $H(f)$를 전달함수라고 하고 $h(t)$를 임펄스 응답이라고 합니다. 결국 같은 시스템인데 두 개의 이름이 있다고 보시면 됩니다.

그래서 정합필터 $h(t)$을 구하기 위해서는 전달함수를 먼저 구해야 되는 거죠.

71. 등화기(Equalizer)

71.1 개요
- 통신시스템에서 잡음의 영향을 줄이고 성능을 개선할 수 있는 필터로 수신기에서는 정합필터와 등화기가 있음
- 등화기는 필터 효과를 고려한 등가전달함수가 Nyquist 채널특성을 갖도록 수신 측에서 보상하는 회로
- 전송로의 진폭, 위상 왜곡에 의해 발생하는 ISI의 영향을 감소시키는 역할을 함

71.2 필터 효과를 고려한 전송 모델

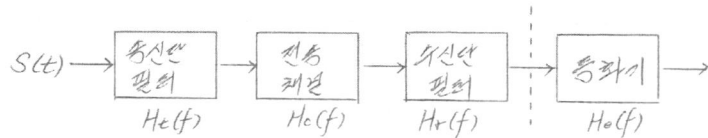

- 송신단, 채널, 수신단의 필터 효과를 고려한 전송 모델의 전체적인 등가전달함수 $H(f)$는 $H(f) = H_t(f) \cdot H_c(f) \cdot H_r(f)$
- 채널 왜곡을 보상하기 위한 등화기의 전달함수 $H_e(f)$는

$$H_e()f = \frac{1}{H_c(f)}$$

- 즉, 채널전달함수의 역으로 함

71.3 등화기의 종류
(1) 시간 영역 등화기
- 선형 등화기
  ▶ 시간에 따라 변화하는 전송특성을 자동적으로 보상하기 위한 Tap을 갖는 지연선으로 구성된 디지털 형태의 필터
  ▶ Tap Delay Filter

▶ 시간 영역에서 Tap 가중치는 시스템의 표본화 시점을 제외한 모든 부분에서 '0'이 되도록 하여 ISI 영향을 감소시키는 등화기
- 비선형 등화기
  ▶ 과거의 심볼 값의 가중치를 피드백 성분으로 이용하여 효율적인 등화가 되도록 구성한 결정귀환 등화기
  ▶ DFE(Decision Feedback Equalizer)

(2) 주파수 영역 등화기
- 전송채널에서 발생하는 경사 왜곡을 감지한 후 레벨은 동일하게 유지하면서 정반대의 채널특성을 갖는 회로를 이용해서 왜곡을 보상

72. 정보이론

72.1 개요
- 정보이론은 정보라는 추상적인 양을 정량적으로 표현하기 위한 수학적 이론
- 정보의 수량화(Quantification), 정보를 전송할 수 있는 채널의 용량(Channel Capacity), 전송 효율의 향상과 에러의 감소를 위한 부호화(Coding) 기술의 3가지 기본 개념으로 구성

72.2 자기 정보량(Self Information)
- 정보가 가지는 양을 확률을 이용하여 나타낸 것으로 불확실 정도(I_i)
- 발생 가능성이 적은 기호일수록 더 많은 정보를 가짐

$$I_i = \log_2 \frac{1}{P_i} = -\log_2 P_i$$

72.3 평균 정보량(Entropy)
- 메시지를 구성하고 있는 Symbol의 확률이 서로 다른 경우에는 전송할 수 있는 모든 Symbol을 고려한 평균 정보량을 계산할 필요가 있음
- 어느 Symbol Book 내에서 M 개의 Symbol들이 각각 확률 P_i로 발생함으로써 얻을 수 있는 정보량의 기대치($E[I_i]$)

$$E[I_i] = H(X) = \sum_{i=1}^{M} P_i \log_2 \frac{1}{P_i} \, [bit/symbol]$$

72.4 조건부 자기 정보량
- 통신 채널에서 잡음 등의 원인으로 발생되는 오류에 의하여 손실되는 정보량
- 통신로의 입력과 출력 X, Y에서 출력 Y를 알고 난 후 입력 X의 정보량을 Y의 조건하에서 X의 조건부 자기 정보량이라고 함

$$H(X|Y)$$

72.5 상호 정보량

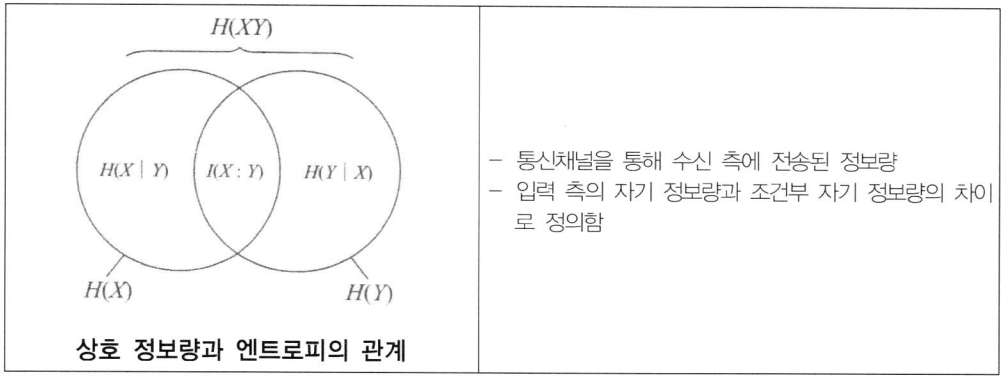

상호 정보량과 엔트로피의 관계

- 통신채널을 통해 수신 측에 전송된 정보량
- 입력 측의 자기 정보량과 조건부 자기 정보량의 차이로 정의함

$$I(X:Y) = H(Y) - H(Y|X)$$
$$= H(X) - H(X|Y)$$

(1) 이상적인 통신로의 상호 정보량

- 에러가 발생되지 않는 무잡음의 경우 이상적인 통신로의 출력을 알면 입력에 관한 불확정성이 없게 되므로 조건부 엔트로피

$$H(X|Y) = H(Y|X) = 0$$

- 송신 측의 정보량이 수신 측에 그대로 전달되므로 잃는 정보는 하나도 발생되지 않으므로 상호 정보량은

$$I(X:Y) = H(X)$$

(2) 잡음이 심한 통신로의 상호 정보량

- 통신로에 잡음이 심하여 통신로의 입력과 출력이 독립인 경우는 랜덤변수 X, Y 가 독립임을 의미
- 조건부 엔트로피 $H(X|Y) = H(X)$ 가 되어 상호 정보량은

$$I(X:Y) = 0$$

73. 채널용량

73.1 개요
- 아날로그 정보전송의 경우 전송매체는 정보신호의 주파수 대역만 수용할 수 있으면 됨
- 그러나 디지털 정보전송의 경우 전송매체의 주파수 수용능력 외에도 잡음 등에 의한 BER 등을 고려하여 전송용량이 결정되어야 함
- 채널용량은 송신 측에서 수신 측으로 전달할 수 있는 정보량의 최대치로 상호 통신 가능한 정보량의 최대치라고 정의할 수 있음

73.2 채널용량
(1) Nyquist 채널용량
- 잡음이 전혀 없는 이상적인 채널의 채널용량

$$C[bps] = 2\,W \log_2 M$$

- 잡음이 전혀 없는 이상적인 채널에서 정보 전송률은 채널의 대역폭에만 제한을 받는다는 것임
- Nyquist 공식에 의하면 신호수준 M을 크게 할수록 얼마든지 높은 비트 전송률을 얻을 수 있음
- 그러나 잡음이 없는 채널이 실제로는 존재하지 않기 때문에 용도는 제한적
- 이상적인 채널을 가정함으로써 실제 채널용량의 상한을 정의하지는 못하고 잡음 고려의 필요성만 부각

(2) Shannon의 채널용량
- 부가적인 잡음이 존재하는 대역 제한된 채널에서의 통신용량

$$C[bps] = W \log_2 \left(1 + \frac{S}{N}\right)$$

- 채널에서 최대로 가능한 비트 전송률은 대역폭과 신호 및 잡음의 강도에 의해서 결정된다는 것임
- 그러나 잡음은 열잡음만을 의미하므로 실제 용량은 계산된 것보다 작음

73.3 채널용량을 증가시키기 위한 방안

(1) 전송 채널의 대역폭 증가
- 사용하지 않는 높은 주파수를 사용하거나 선로의 재질을 개선하면 대역폭의 증가 가능
- 통신용량을 증가시키는 가장 효율적인 방안이나 선로의 구축비용 상승 등을 고려하여 신중하게 설계

(2) 신호전력의 증가
- 신호전력을 증가시키는 것은 송신기 설계와 관계되므로 부적합
- 단, 너무 낮은 전력으로 송신하지 않도록 고려

(3) 잡음전력의 감소
- 통신선로를 차폐하면 외부 유입잡음을 억제할 수 있으므로 통신용량이 향상되나 선로의 비용 상승을 고려

73.4 물리적 의미
- 채널용량의 증가는 대역폭 및 SNR 증가에 의해 가능
- 잡음이 존재하지 않는다면 SNR은 무한대가 되어 대역폭에 구애 없이 무한대의 정보율이 되나 AWGN 환경이라는 가정에 위배
- 대역폭이 무한대에 접근하면 통신용량 또한 무한대가 되지만 AWGN 환경에서 대역폭에 비례하여 잡음도 함께 증가하므로 SNR은 감소하게 됨

73.5 전송용량 계산 예
- 전화용 채널에서 SNR은 약 $35[\text{dB}]$, $4[\text{kHz}]$ 대역폭 중에 완충부를 제외하면 $3,100[\text{Hz}]$를 정보전송에 사용
- 이론적인 정보 전송량의 상한은 $C = 3100 \times \log_2(1 + 10^{3.5}) ≒ 36,000[bps]$
- 그 이상의 정보 전송률은 이 채널로는 불가능하나 전화회선을 이용한 모뎀의 전송속도가 이보다 높게 나타나는 것은 최근의 전화망 효율이 SNR $35[\text{dB}]$ 이상으로 향상되었기 때문

73.6 맺음

- 최적의 통신시스템 설계에서 가장 중요한 것은 송신기의 전력과 채널의 대역폭을 가장 잘 활용할 수 있는 변조 및 부호화 기법의 선택이 중요
- UWB, CDMA 등 대역확산을 이용하여 대역폭을 확장시키는 통신기술은 통신용량의 이론에 그 기초를 두고 있음
- 통신용량이 정보율보다 크다면 부호화 기술에 의해서 임의의 작은 오류확률에 근접할 수 있음

☞ 멘토 기술사

대역폭을 넓힌다는 것은 동일주기에 신호펄스가 많다는 것으로, 다른 말로 초당 보낼 수 있는 bit 수가 증가한다는 말이며 고속을 의미합니다. 즉 초광대역은 다른 말로 초고속과 같다는 거죠. 이런 장점은 고품질 케이블을 사용한다는 것이고, 이는 구축비용이 증가함을 의미합니다.

신호출력을 높이면 잡음에 비해 상대적으로 신호가 커져 에러율이 낮아져서 채널용량은 증가하지만 전력소모가 커지고 송신기 크기가 커지며 장비가격이 올라가는 단점이 발생합니다.

잡음전력을 낮추기 위해서 케이블 실드를 잘 시키면 잡음은 줄어들지만 실드케이블이 고가 이므로 선로 구축비용이 커서 조심스럽게 됩니다. 따라서 대역폭 효율을 높이고 채널부호화하는 방법이 적합하며 Symbol당 bit 수 변조율로 섀넌의 채널한계에 근접한 변조방식을 사용하면 됩니다.

QAM 계열에서 진수를 높여가고 있으며 터보 코드, LDPC 등 채널부호화 방법으로 에러에 따른 정정을 수행합니다. 무선분야에서는 AMC, OFDM, H-ARQ, MIMO, Double부호화 등으로 채널용량을 증가시키고, 유선분야에서는 대역폭이 큰 광(Optical)전송로를 이용하는데, 하나의 파장(채널)의 속도를 높이고 한정된 대역에서 파장(채널)간격을 최대한 줄여 채널용량을 증가시키고 있습니다. U-BcN에서는 가입자당 1Gbps를 제공하게 됩니다. 조금 더 이야기 하겠습니다. 이 부분은 통신에 굉장히 중요해서 반드시 알고 넘어가셔야 하기 때문입니다.

Bps(bit per second)는 쉽게 속도라고 하지만 채널용량 C(단위 bps)와도 같이 생각해도 어느 정도 무방합니다. 물리적 속도는 같지만 신호주기를 더 짧게 해서 용량을 키우고 체감 속도가 높게 느껴지는 것이죠.

$$bps = n \cdot B, \quad \frac{bit}{\sec} = \frac{bit}{symbol} \cdot \frac{symbol}{\sec}, \quad R = r_s \times H(X)\left[\frac{symbol}{\sec} \times \frac{bit}{symbol}\right]$$

n(대역폭효율)은 1개의 Symbol이 몇 bit를 표현하는가 하는 부분이고 변조율이라고도 합니다.

Symbol/sec는 초당 보내는 심볼(파형)수로 보(baud)속도라고 합니다.

여기서 정보이론 쪽으로 설명하면 R은 엔트로피율, 즉 정보율이고 평균정보량 H(x)과 Symbol 속도를 곱하면 얻을 수도 있습니다.

$$C = W log_2(1 + \frac{S}{N})$$

채널 용량이라 함은, Shannon(섀넌, 1948)에 의하여 위 공식으로 결론을 내렸습니다.

여기서, C : 채널용량, W : 대역폭, S :신호전력, N : 잡음전력

* 일명, Shannon-Hartley 정리라고도 합니다.

하틀리(1928)가 기초예비작업을 하였고, 섀넌(1948)이 이를 정확하게 유도하였습니다.

섀넌의 정리는 잡음이 없다면(S/N -> ∞) 임의 대역폭에서도 채널 용량을 거의 무한으로 할 수 있으나, 잡음이 있다면 대역폭을 아무리 증가시켜도 채널 용량을 크게 할 수가 없다는 것을 의미하고 있습니다. 채널용량에 대한 Shannon의 증명은 단순히 채널 용량 C에 도달하는 방법을 제공하는 것이 아니라, '잡음이 존재하는 곳에서 신뢰할 만한 통신'이라는 이론적 한계치를 제시한 것으로, 이는 정보의 전달과 그 한계용량에 대한 관점을 제시하는 중요한 것입니다. 한편 채널용량 한계치에 도달하는 방법들, 다른 말로는 전송속도를 높이는 방안에 대해서는 부호화 이론 등에서 이론적 한계치 C에 근접하기 위한 방법을 찾고 있습니다.

전송속도를 높이는 방안을 생각해 보면 체계적인 접근이 중요합니다.

예를 들어, 섀넌의 채널용량 식을 보면 용량은 결국 대역과 신호출력이 깊은 관계가 있음을 알 수 있습니다. 섀넌은 잡음이 존재하는 전송구간에서의 채널의 이론적 한계치를 제시하여 통신용량을 무한정 늘릴 수 없고 섀넌Limit에 최대한 가까이 감으로써 전송속도를 증가시킬 수 있음을 증명하였습니다.

74. Shannon의 통신용량 한계치

74.1 개요

- 백색잡음이 존재하는 경우 통신용량은 대역폭을 확대하면 잡음전력도 증가하므로 증가할 수 있는 용량의 한계가 존재
- 부가적 잡음(채널에 백색잡음이 존재한다고 가정)이 존재하는 대역 제한된 채널에서 통신용량 $C\,[bps]$

$$C = W\log_2(1 + S/N)\,[bps]$$

74.2 대역폭 W가 무한대로 증가 시 통신용량의 한계

$$C = W\log_2(1 + S/N)$$
$$\fallingdotseq \left(\frac{S}{N_0}\right)\log_e e$$
$$\fallingdotseq 1.44\left(\frac{S}{N_0}\right)[bps]$$

- $R = C$, 전송 비트율(R)과 채널용량(C)이 같은 경우,

$$\frac{S}{N_0} = \frac{E_b R}{N_0} = \frac{E_b C}{N_0} \ \text{이므로}$$

$$C \fallingdotseq 1.44\left(\frac{S}{N_0}\right) = 1.44\left(\frac{E_b C}{N_0}\right)[bps]$$

$$\text{따라서, } \frac{E_b}{N_0} = \frac{1}{1.44} \ , \ \therefore \ \frac{E_b}{N_0}[\text{dB}] = -1.6[\text{dB}]$$

74.3 통신용량의 유용성

- 2진 통신시스템을 설계하는 경우 통신 채널의 대역폭, 최대 신호전력과 잡음 전력밀도를 고려하여 통신용량(C)을 산출한 후 표본화주파수, 부호화비트 수를 고려하여 정보전송률(R)을 결정

$$C\,[bps] = W\log_2(1 + S/N)$$
$$R\,[bps] = f_s \times n$$

- $C > R$이면, 부호화 기술을 사용하여 오류 회피 가능
- $C < R$이면, 부호화 기술을 사용해도 오류 회피 불가능

74.4 맺음

- AWGN 채널에서 임의의 낮은 오류확률로 통신을 하기 위한 최소의 E_b/N_0값은 $-1.6[\text{dB}]$
- 적절한 부호화 기술을 사용한다면 이 한계값까지 줄여도 통신이 가능

75. 전력 제한 시스템과 대역폭 제한 시스템

75.1 개요
- 통신시스템에서 가장 중요한 자원 2가지는 전력과 대역폭
- 통신용량 $C = W\log_2(1 + S/N)\,[bps]$ 에서, 평균신호전력 S는 $S = E_b R$로 나타낼 수 있으며, 평균잡음전력 N은 $N = N_0 W$로 정의

$$C\,[bps] = W\log_2\left(1 + \frac{S}{N}\right)$$

$$= W\log_2\left(1 + \frac{E_b R}{N_0 W}\right)$$

75.2 대역폭 효율

$$\frac{C}{W} = \log_2\left(1 + \frac{E_b R}{N_0 W}\right)[bps/\text{Hz}]$$

- $\dfrac{C}{W}$는 시스템의 대역폭 효율을 나타내며, 단위는 $[bps/\text{Hz}]$, 이 비율이 크면 클수록 대역폭 효율이 우수

75.3 전력 효율

- $\dfrac{E_b}{N_0}$는 시스템의 전력효율을 나타내며, 이 비율이 작을수록 주어진 잡음량에 대하여 성공적으로 검출하기 위해 사용되는 각 비트 에너지가 적게 됨

75.4 전력 제한 시스템과 대역폭 제한 시스템
(1) 전력 제한 시스템
- 전력을 절약하기 위해 대역폭 증가되더라도 효율적 부호화(채널코드) 방식 사용
- 위성통신시스템 등

(2) 대역폭 제한 시스템
- $\dfrac{E_b}{N_0}$를 증가시키더라도 $\dfrac{C}{W}$를 최대로 하는 변조방식을 사용

- 전화시스템 등

(3) 전력과 대역폭 제한 시스템
- 대역폭의 확장 없이 오류성능을 향상시키기 위하여 채널 부호화와 변조를 함께
  수행하는 TCM(Trellis Coded Modulation) 방식 등을 사용

75.5 전력 제한 시스템과 대역폭 제한 시스템 비교

구 분		전력 제한 시스템	대역폭 제한 시스템
목 표	전 력	절약	증가
	대역폭	증가	절약
방 법		채널 부호화	대역폭 효율 변조
적 용		위성통신시스템	전화시스템

※ 참고

통신시스템의 중요한 자원인 전력과 대역은 상호 보완관계를 가진다.
목표 성능을 얻기 위한 최적의 통신시스템 설계에서 가장 중요한 것은 송신기의 전력과 대역폭을 잘 활용할
수 있는 변조 및 부호화 기법의 선택이다.

76. 백색잡음

76.1 개요
- 빛의 조성에 있어서 모든 빛의 색상이 모이면 백색이 되고 빛 역시 주파수가 매우 높은 전자기파를 의미
- 백색잡음은 전 주파수 대역에 고르게 퍼져 있는 형태의 잡음
- 실제 백색잡음은 Gaussian 확률 함수로 모델링 되어 AWGN으로 주로 적용

76.2 전력밀도스펙트럼과 자기상관함수
(1) 전력밀도스펙트럼

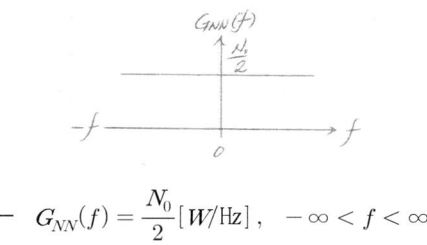

- $G_{NN}(f) = \dfrac{N_0}{2}[W/\text{Hz}]\,, \quad -\infty < f < \infty$
- 전 주파수 대역에 걸쳐 전력밀도스펙트럼이 일정

(2) 자기상관함수

- $R_{NN}(\tau) = F^{-1}[G_{NN}(f)] = \dfrac{N_0}{2}\delta(\tau)$

- 전력밀도스펙트럼을 역 푸리에 변환을 하면 백색잡음의 자기상관함수를 구할 수 있음

(3) 평균전력

$$- \quad P_{NN}(f) = \int_{-\infty}^{\infty} G_{NN}(f)df = \int_{-\infty}^{\infty} \frac{N_0}{2}df = \infty$$

- 평균전력이 무한대로 실현 불가능

76.3 백색잡음의 특징

- 평균값이 '0'
- 전 주파수대에 걸쳐 전력밀도스펙트럼 일정
- 통계적 성질이 시간에 따라 변하지 않는 정상적 랜덤과정
- 대역폭이 무한대이므로 평균전력도 무한대가 되어 실현 불가능
- 백색잡음에 가장 근사한 잡음으로 열잡음(Thermal Noise)이 있음

76.4 대역 제한된 백색잡음의 전력밀도스펙트럼과 자기상관함수

$$G_{NN}(f) = \frac{N_0}{2}rect\left(\frac{f}{2f_m}\right) \quad \longleftrightarrow \quad R_{NN}(\tau) = N_0 f_m \mathrm{sinc}(2f_m\tau)$$

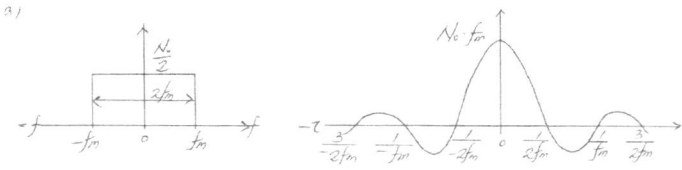

- 백색잡음은 저역통과 필터를 통과하면 유색잡음(Color noise)이 되며, 이상적인 저역통과 필터는 백색잡음의 자기상관함수를 Sinc 함수로 변환시킴

77. AWGN(Additive White Gaussian Noise)

77.1 개요
- 자유 공간으로 전파되는 전자파는 공기 중에 항상 존재하는 잡음을 고려해야 하는데, 그 경우에 일반적으로 사용되는 개념이 AWGN
- AWGN은 전 주파수 범위에 통계적으로 랜덤 분포하는 잡음
- 실험실이나 시뮬레이션 환경에서 모의실험 등에 응용

77.2 AWGN 의미
(1) Additive

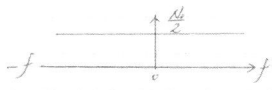

- 가산성 잡음으로 원래의 신호에 잡음이 더해짐을 의미

(2) White

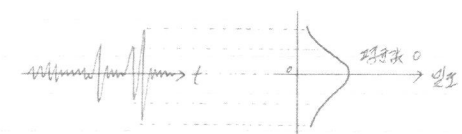

- 전 주파수 대역에 고르게 펴져 있는 백색잡음을 의미

(3) Gaussian

- 가우스가 만든 정규분포를 따르는 신호로 어느 정도 랜덤하면서도 자연계에서 쉽게 볼 수 있는 분포를 가진 잡음

77.3 AWGN 성질
- 전력밀도스펙트럼이 전 주파수에 일정
- 신호의 평균은 '0'
- 시간과 무관한 평균전력 및 자기상관
- 통계적 성질이 시간에 따라 변하지 않는 정상적인 확률 과정(Stationary)
- 실제의 실현은 불가능

77.4 응용
- Shannon-Hartley 정리에서 AWGN을 가정하여 통신채널을 모델링
- 정합필터에서 가정
- 표본화 이론에서 가정

78. 번개가 모든 대역에 영향을 미치는 이유

78.1 개요
- 번개는 대기 중의 방전 현상으로 시간 영역에서는 임펄스 형태이고, 주파수 영역에서는 백색잡음의 형태임

78.2 번개의 표현
(1) 시간 영역 표현

- 번개를 시간 영역에서 수식으로 표현하면 임펄스 형태의 자기상관함수로 표현 가능

(2) 주파수 영역 표현

- 번개의 자기상관함수를 푸리에 변환하면 주파수 영역에서 번개의 전력밀도스펙트럼을 구할 수 있음

$$- \quad G_{NN}(f) = \int_{-\infty}^{\infty} R_{NN}(\tau) \cdot e^{-j\omega t} \cdot d\tau$$

$$= \frac{N_0}{2}[W/\text{Hz}] \quad , \quad -\infty < f < \infty$$

78.3 번개가 모든 대역에 영향을 미치는 이유

- 번개의 전력밀도스펙트럼이 전 주파수 대역에 걸쳐 일정하게 존재하므로 모든 대역의 수신기에 잡음 영향을 미침

79. 다원접속(Multiple Access)

79.1 개요
- 채널의 용량을 분할하여 사용하는 방법으로 크게 다중화와 다원접속 기술이 있음
- 다원접속 기술은 하나의 기지국(중계기)을 공동으로 사용하여 다수의 가입자(지구국)가 동시에 통신망을 구성하는 기술
- 다중화 기술은 위성통신, 이동통신에서 기지국(중계기)을 통한 단말 상호간 통신에 사용

79.2 다원접속
(1) 개념

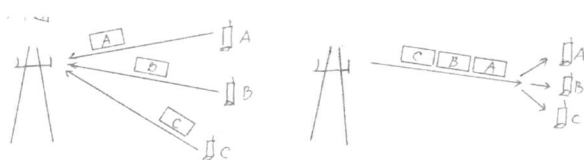

- 다원접속은 하나의 기지국(중계기)에서 한정된 채널 자원을 분할하여 다수의 가입자가 동시에 통신망을 구성하는 기술
- 다중화 기술이 동일 지점에서 송출된 데이터의 채널 다중이용인 데 반해서, 다원접속 기술은 독립된 개별 지점에서 송출되는 데이터의 공간적 다중 기술

(2) 종류
- 자원을 분할하는 방법에 따라 FDMA, TDMA, CDMA, OFDMA, SDMA 등이 있음

79.3 FDMA
(1) 개념
- 주어진 대역폭을 일정한 대역으로 나누고 각 대역폭당 하나의 가입자를 할당하여 동시에 여러 가입자가 통화할 수 있게 하는 다원접속방식
- 신호공간을 시간은 고정시키고 주파수만을 분할하여 각각의 채널로 사용

(2) 특징
- Single Channel per Carrier
- Guard Band 필요
- 동기 기술이 필요하지 않음
- 구현 간단

(3) FDMA 방식의 셀 설계

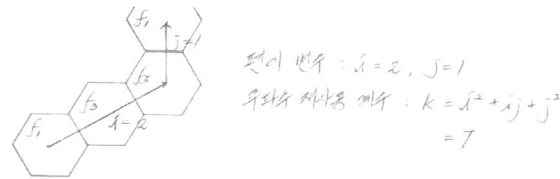

편이 변수 : $i=2$, $j=1$
주파수 재사용 계수 : $k = i^2 + ij + j^2$
$= 7$

- 전파 상호 간의 간섭을 방지하기 위하여 일정한 거리를 두고 동일 주파수를 재사용
- FDMA 방식의 일종인 AMPS 방식의 경우 C/I 가 18[dB](64배) 이상 유지되어야
  하므로 $K = 7$을 사용

※ 참고

FDMA 방식의 한 채널은 신호전력이 집중되어 있는 비교적 좁은 대역으로 서로 다른 신호는 각기 다른 채널을 할당받게 된다.
수신 측에서는 대역통과 필터를 거친 신호만을 통과시키므로 상호 교란을 제한시킬 수 있고 아날로그 방식의 이동통신에 사용되며, 스펙트럼 효능은 스펙트럼 변조효율과 주파수 재사용률에 의해 결정된다.

79.4 TDMA

(1) 개념
- 동일한 주파수 대역을 여러 개의 시간구간(Time Slot)으로 나누어 다원접속하는 방식
- 신호공간을 주파수는 고정시키고 시간만을 분할하여 각각의 채널로 사용

(2) 특징
- Multi Channel per Carrier

- Guard Time 필요
- 동기 기술이 필요
- 기지국 송신기의 상호변조가 없음
- 구현 복잡

※ 참고

TDMA 방식은 하나의 프레임을 구성하는 한 주기에서 일련의 시간 간격들 중에 한 Slot이 하나의 채널에 대응되며, 주어진 신호의 총 에너지가 한 시간의 Slot에 집중되므로 인접 채널의 교란은 적합한 시간에 수신된 신호의 에너지만 통과시키는 Time Gate에 의해 제한된다.

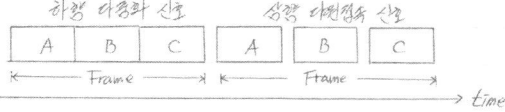

79.5 PDMA(Polarization Division Multiple Access)
- 위성통신에서 Up/Down Link를 수직편파, 수평편파로 설정하여 간섭을 방지

79.6 기술 비교

구 분	FDMA	TDMA	CDMA
개 념			
채널간섭해소	Guard Band	Guard Time	전력제어
Cell 분할계수	7	4	1
채널 분리	BPF	Time Gate	PN Code
용 도	Analog 음성	Digital 음성, 데이터	Digital 음성, 데이터
활 용	AMPS	GSM	IS-95

80. 스펙트럼 확산 통신방식

80.1 개요

- 섀넌의 통신용량 $C\,[bps] = W\log_2(1 + S/N)$ 에 따르면 간섭, 잡음, 페이딩 등으로 S/N 이 작아지더라도 대역폭 W 를 넓게 하면 정보 전송이 가능하다는 것이 스펙트럼확산 통신방식
- CDMA는 고속의 독립적인 코드를 부여하여 확산변조와 다원접속이 가능한 대역확산 다원접속방식
- 스펙트럼밀도가 희박하여 비화특성이 우수하고 간섭에 강한 통신방식

80.2 CDMA

(1) 대역확산 전송과정

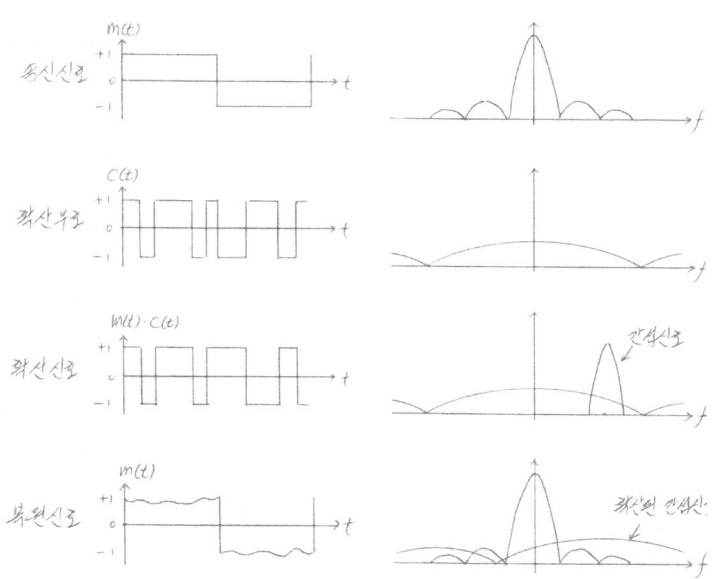

- 협대역 송신신호를 확산부호를 사용하여 광대역으로 확산
- 확산된 신호는 광대역에 걸쳐 낮은 전력 스펙트럼을 갖게 되며, 무선채널을 통과하면서 백색잡음, 간섭신호 등이 첨가

- 수신 측에서는 송신 측과 동일한 확산부호로 수신신호를 역확산
- 역확산 과정을 거치면서 첨가된 잡음, 간섭신호는 더욱 광대역으로 확산되고 희
  망신호는 확산이득만큼 커지게 됨

(2) 확산이득(Processing Gain)
- 데이터 신호의 대역이 확산부호에 의해서 얼마나 넓게 확산되었는지를 나타내는
  파라미터

$$\text{확산이득} : G_p = \frac{T_b}{T_c} = \frac{W_c}{W_b}$$

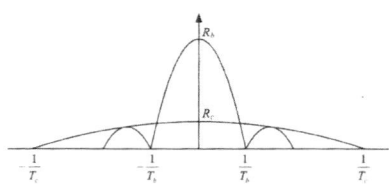

확산이득(Processing Gain)

- G_p 가 클수록 신호가 넓은 주파수 대역으로 확산되므로 간섭신호를 제거하는 능
  력이 개선
- DS-CDMA에서는 확산이득이 20~60[dB]이며, 확산이득을 크게 하기 위해서는
  Chip 시간 구간을 작게 해야 함

(3) 특징
- 가입자 수용용량의 증대
- 간섭신호 제거 우수
- 뛰어난 보안성 확보
- 전력제어 및 낮은 송신전력
- 고품질의 서비스 제공
- 주파수 계획이 간단

80.3 CDMA 가입자 용량 결정요인

(1) 신호대 간섭비

- 동일한 주파수대역 내에 있는 CDMA 채널 상호간의 간섭이 CDMA 가입자 용량을 결정하는 중요한 요인이면서 용량 결정에 큰 영향을 미치게 됨

$$\frac{C}{I} = \frac{E_b}{N_0} \times \frac{R}{W} = \frac{1}{N-1}$$

- CDMA 시스템의 경우에 전체 채널 수를 N이라고 하면, 임의의 한 채널에 대하여 $N-1$개의 채널은 간섭으로 작용하게 됨
- 즉, 간섭채널 전력 $I = C(N-1)$

(2) 가입자 수용용량

- C/I 외에 가입자 용량을 결정하는 주된 요인으로 채널 간 간섭, 음성 활성화율(D), 섹터화 이득(G), 주파수 재사용효율 등이 있음

$$N = \frac{W}{R} \times \frac{1}{E_b/N_0} \times \frac{1}{D} \times F \times G$$

예) $E_b/N_0 : 7[\text{dB}] = 5$, $D : 40\%$, $F : 60\%$, $G : 2.55/3 = 0.85$

전송속도 $8kbps$ (음성)

$$N = \frac{1.23M}{9.6k} \times 5 \times \frac{1}{0.4} \times 0.6 \times 0.85 = 32$$

80.4 CDMA 이동통신 환경의 각종 손실 요인

- CDMA용량은 순방향 링크보다는 상대적으로 간섭이나 환경에 영향을 많이 받는 역방향 링크의 용량에 의해 CDMA의 용량이 결정
- 각종 손실 요인으로는, 신호대 간섭비(C/I), 동일채널 간섭, 인접채널 간섭, 소프트 핸드오프, 불완전한 전력제어, 이동국의 이동 속도 등이 있음
- CDMA는 가변수용용량이라는 특성상 통화품질 저하를 약간 감수하면 수용용량을 증가시킬 수 있음

81. 스펙트럼 확산 변조의 종류

81.1 DS(Direct Spread)

(1) 개념
- 정보신호보다 고속의 확산부호로 신호대역을 확산시킨 후 확산된 신호에 대응하여 반송파의 진폭 또는 주파수, 위상을 변화시켜 전송하는 방식
- 전송신호를 넓은 주파수 대역으로 확산시켜 전력밀도스펙트럼이 최소화
- 현재 서비스되고 있는 CDMA 이동통신시스템에서 적용

(2) 구성

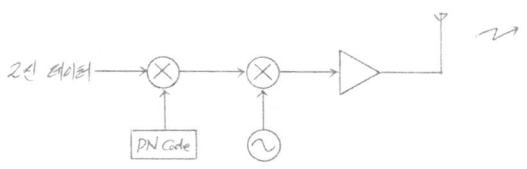

(3) 장점
- 간섭 및 페이딩, Jamming에 강함
- 신호 검출이 어려워 통신의 보안성이 높음
- 다중경로 페이딩에 강함

(4) 단점
- 동기를 확립하기 위한 긴 포착시간
- 원근문제가 발생하므로 정밀한 전력제어가 필요

81.2 FH(Frequency Hopping)

(1) 개념
- 정보로 변조된 반송파를 시간에 따라 계속 변화하는 주파수 합성기 출력신호와 재변조하여 전송하는 방식
- 수신 측에서는 송신 측에서 사용했던 주파수 합성기 출력신호와 동기화된 국부발

진 신호를 수신신호와 곱하여 주파수 도약을 제거한 후 복조시키는 방식
- 주파수 합성기의 출력 주파수는 PN부호 발생기의 부호에 의해 결정
- 어떤 시점에서 전송신호의 대역폭을 전체 주파수 대역폭의 일정폭만 차지하므로 협대역 방식과 유사

(2) 구성

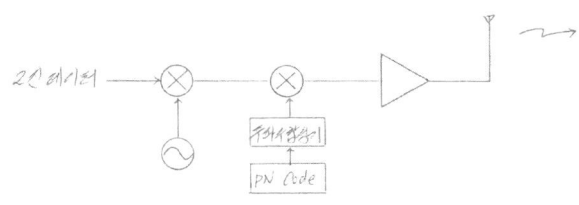

(3) 장점
- 동기 포착시간이 짧음
- 원근문제가 발생되지 않음

(4) 단점
- 둘 이상의 사용자가 동시에 동일한 주파수를 사용 시 Hit 간섭이 발생
- 구성이 복잡(Hopping pattern)

81.3 TH(Time Hopping)

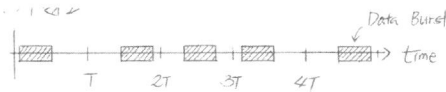

- PN 부호 발생기의 출력에 의해 선정된 특정 Time Slot에 Burst(압축된 정보 펄스열)를 랜덤하게 실어 전송하는 방식
- 주로 타 방식과 함께 사용

81.4 Chirp Modulation

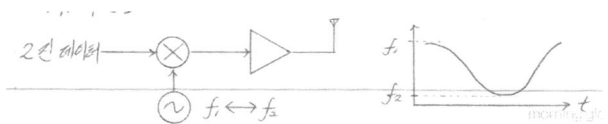

- Pulse의 선형 주파수 특성을 이용하여 반송파의 대역을 확산시키는 방식
- 각 사용자에게 개별 부호를 부여하기가 곤란하므로 다른 부호와 조합해서 사용
- 최초 Radar의 거리 분해능력 향상 목적으로 사용

81.5 Hybrid

- 각 방식의 장점만을 결합해 사용하는 방식
- FH/DS, FH/TH, TH/DS가 있으며 FH/DS 방식이 가장 많이 사용

82. OFDM(Orthogonal Frequency Division Multiplexing)

82.1 개요

- 도심과 같은 다중경로 페이딩 환경에서는 직접파와 반사파 간의 도착 시간 차이로 인한 ISI 문제가 심화됨
- CDMA 방식에서는 레이크 수신기를 이용하여 다중경로 페이딩을 극복할 수 있으나 고속 데이터 전송에서는 ISI 간섭이 더욱 심해지므로 단말기(레이크 수신기, 등화기 등) 복잡도가 급격히 증가
- OFDM은 고속 데이터열을 저속 부반송파에 분산시켜 병렬 전송하는 시스템으로, 다중경로에 강한 특성과 고속 데이터 전송 시 심각한 ISI 문제를 해결할 수 있어 4G 이동통신의 핵심기술로 채택

82.2 고속 데이터 전송 시 문제

(1) 다중 반사파에 의한 ISI

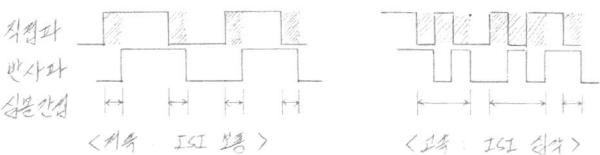

- 데이터 속도가 낮을 때에는 심볼 간 간섭이 미약하지만, 데이터 속도가 증가하면 심볼 간 간섭은 심각해짐
- CDMA 방식에서는 레이크 수신기를 사용하여 다중 반사파 문제를 극복하고 있으나, 분리하지 못한 반사파는 전적으로 잡음으로 작용하여 단말기의 수신 성능을 급격히 저하시킴

(2) 코히런트 대역폭 관계

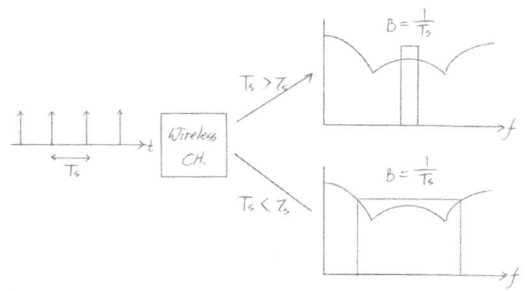

- $T_s > \tau_s$ 일 때,
  - ▶ 정보 대역이 협대역으로 Flat Fading 특성을 나타냄
  - ▶ 등화기 구현이 간단하고 AMC 구현이 용이

- $T_s < \tau_s$ 일 때,
  - ▶ 정보 대역이 광대역으로 Frequency Selective Fading을 겪게 됨
  - ▶ 등화기 구현이 복잡

82.3 OFDM

(1) 원리

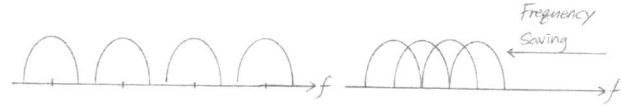

- 인접한 부반송파들의 Peak와 Null이 상호 교차하도록 부반송파의 중심 주파수를 정수배가 성립되도록 배치하면, 직교성으로 인해 상호 간섭을 최소화할 수 있게 됨
- 멀티 캐리어 전송을 하지만 주파수 대역을 겹쳐서 전송하므로 보다 협대역 전송이 가능

(2) 구성

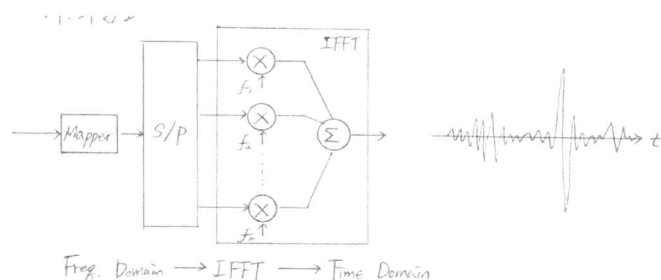

- 고속 전송률을 갖는 데이터열을 낮은 전송률을 갖는 많은 수의 데이터열로 나누고 이들을 직교성을 갖는 다수의 부반송파를 사용하여 동시에 전송
- 많은 수의 부반송파를 IFFT를 이용하여 구현

82.4 OFDM 구현 기술

(1) IFFT에 의한 MC(Multi-Carrier) 구현

- 수백~수천 개의 부반송파 회로를 FFT 신호처리 기술을 이용하여 한 개의 IC 내에서 구현 가능

(2) 부반송파의 직교성

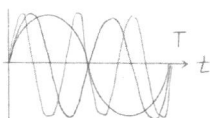

- 각 부반송파는 구간 T에서 정확히 정수 개의 사이클을 가지며, 인접 부반송파와 사이클 수의 차이는 정확히 '1'

(3) Guard Interval

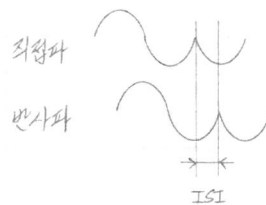

- OFDM 심볼이 지연 수신되었을 경우 ISI의 발생을 제거하기 위하여 매 심볼의 앞부분 일정 구간은 사용하지 않음

(4) Cyclic Prefix

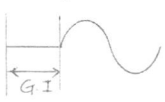

- G·I에 의한 심볼 구간을 빈 공간으로 둘 경우 인접 부반송파 간의 직교성 원칙이 손상되어 ICI가 발생
- ICI 문제를 제거하기 위해 G·I 부분을 무의미한 원래의 부반송파 주파수로 채워줌

82.5 OFDM의 특징

(1) 장점
- 높은 주파수 효율과 대용량 전송
- 단일 반송파 방식에 비해 ISI에 강함
- 다중경로로 인한 전송특성의 열화에 대한 효율적인 대응
- SFN 구현 및 부채널별 AMC 적용용이

(2) 단점
- 높은 PAPR을 가지므로 RF증폭기의 전력효율 감소
- 멀티 캐리어 방식으로 상호변조에 의한 특성 열화
- 반송파의 Frequency Offset과 위상 잡음에 민감

82.6 맺음
- 고속의 데이터 전송에 의한 심각한 ISI 발생 문제를 해결하기 위한 방법이 저속 부반송파 병렬전송 시스템으로, 이동통신 환경의 가장 큰 문제점인 Frequency Selective Fading 문제 해결을 위한 4G의 핵심 기술임
- 주파수 이용효율이 높아 광대역 정보전송이 이동통신 환경에서 가능해짐
- OFDM은 다중경로에 강한 특성 및 SFN 구현의 장점 등으로 3GPP LTE부터는 동기식, 비동기식 또는 통방융합기술들 모두 OFDM 기술로 옮겨가고 있음
- 그러나 높은 PAPR로 인한 파워 앰프의 전력 소모문제 등은 단말기의 배터리 수명에 문제시되는 요인이기도 함
- LTE 등이 역방향 링크에서 변형된 OFDM인 SC-FDMA기술을 채택하게 된 주된 요인이 PAPR이기도 함

83. PAPR(Peak to Average Power Ratio)

83.1 개요

- Multi-carrier Modulation에서는 PAPR 및 IMD 문제가 존재
- PAPR은 평균전력에 대한 첨두전력의 비율로 증폭기의 선형성을 판단하는 지표로 사용
- 일반적으로 송신기의 전력은 평균전력을 의미하지만, 실제로 송신되는 전력에는 Peak 전력이 존재하여 상호변조를 일으켜 품질 저하의 원인이 됨

83.2 PAPR

(1) 개념

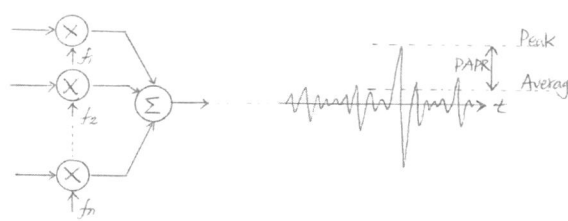

- 시간 영역에서 OFDM 신호는 독립적으로 변조된 많은 부반송파들로 구성
- 부반송파들이 동위상으로 더해질 때 최대 전력은 평균전력의 N배
- OFDM의 경우 Multi-Carrier를 사용하므로 다른 방식에 배해 PAPR이 크기 때문에 송신기 출력이 커지는 단점이 존재

(2) 문제점

- 높은 PAPR은 증폭기의 선형성을 파괴시키므로 ACLR(인접채널 누설비) 및 Spurious 방출을 증가시킴
- Power AMP의 Peak Power Impulse 영향에 대한 Margin 확보를 필요로 하여 LPA 가격상승을 초래

83.3 PAPR 해결 방안

(1) Clipping(신호의 왜곡 기법)

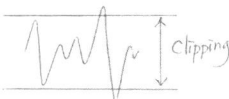

- OFDM 신호를 Peak에서 또는 그 주변에서 비선형적으로 왜곡시켜 간단히 감소시킴
- 그러나 Sine Wave의 변형으로 Interference의 발생 우려가 있음

(2) 부호화 기법

- 큰 PAPR을 갖는 OFDM 심볼을 제외시킨 독특한 FEC 부호화 집합을 사용하여 각 OFDM 심볼을 스크램블링 하고 그 결과 중에서 가장 작은 PAPR을 갖는 시퀀스를 선택하는 방식

84. COFDM(Coded OFDM)

84.1 개요

- OFDM을 사용하면 다중경로 채널에 의한 심볼 간 간섭은 극복할 수 있으나, 특정 채널의 감쇠가 심한 경우 SNR이 낮아져서 오류 발생확률이 증가
- COFDM은 OFDM의 성능 저하를 막기 위해서 FEC 부호를 사용하여 다중경로 채널의 주파수 선택적 페이딩을 극복하기 위한 기술
- 난시청 지역 해소 및 SFN 구현이 용이

84.2 다중경로 채널의 주파수 선택적 페이딩

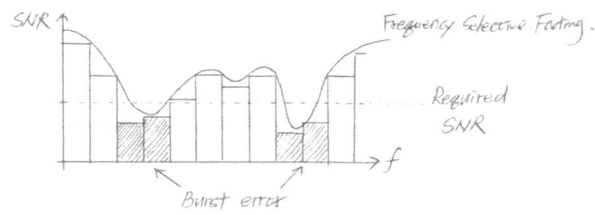

- 주파수 선택적 페이딩에 의해 특정 채널의 감쇠가 심한 경우 요구 SNR을 충족하지 못하므로 Burst Error가 발생

84.3 COFDM

(1) 구성

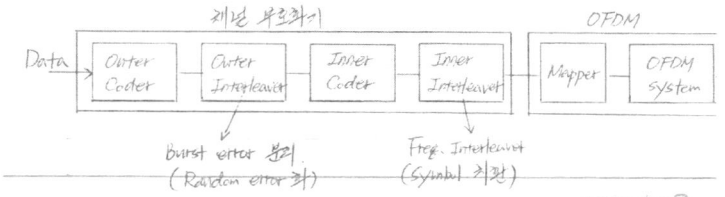

- COFDM은 데이터를 먼저 채널 부호화 하고 이를 OFDM 적용

- OFDM의 다중경로 페이딩에 강한 특성에 오류정정 기능을 더해서 보다 향상된 성능을 얻을 수 있음

(2) COFDM의 FEC 사용기술
- 오류정정부호 기술 : Reed Solomon, Convolution 코드 사용
- 대역폭 효율 향상 기술 : Trellis, Turbo Code 사용
- Burst 에러 방지 기술 : Interleaver 사용

84.4 맺음
- COFDM은 OFDM의 다중경로 페이딩에 강한 특성에 오류정정기능을 더해서 성능을 향상시킨 방식
- 영상신호 전송에서 데이터 복원과 방해전파 제거가 용이한 특징을 가지므로 가청 지역이 확대되어 난시청 지역을 쉽게 해소시킬 수 있어서 SFN(단일 주파수망) 구축이 용이
- 최근 DSP와 VLSI의 기술 발전으로 실용화에 걸림돌이 되었던 많은 계산량 및 메모리 문제를 해결함에 따라 광범위한 응용으로 확산 가능
- 유럽에서는 DAB, DTV에도 적용

85. OFDMA

85.1 개요
- 무선채널 환경에서는 다원접속 사용자마다 서로 다른 채널 특성을 겪게 됨
- OFDMA는 다수의 사용자 간에 채널 상태가 좋은 부반송파를 선택하여 할당하는 부반송파 공유 다원접속 방식
- AMC 적용이 용이하며 주파수 다이버시티 이득을 얻을 수 있음

85.2 OFDMA
(1) 개념

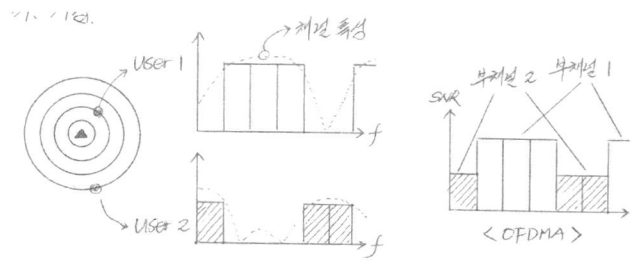

- OFDM의 협대역 부반송파 병렬 전송기술을 활용하여 각 사용자의 채널 상태에 따라서 다수의 부반송파를 부채널로 할당
- 부채널은 각 사용자에게 할당되는 부반송파의 집합

(2) 특징
- 각 사용자에게 할당되는 부반송파를 전체 대역에 흩어 놓음으로써 주파수 다이버시티 이득을 얻음
- 사용자 간에 상이한 채널특성을 이용하여 각 사용자에게 적합한 대역을 할당함으로써 모든 부반송파를 효율적으로 사용
- 부채널별로 AMC 적용이 용이

85.3 적용

- 주파수 효율 및 셀 용량증대 효과가 높은 3G LTE, WiBro EV, 4G 등에 채택

86. Duplexing

86.1 개요
- 일반적인 양방향 통신에서는 통신 종단 간에 상향, 하향의 2개 회선을 필요로 함
- 전이중(Duplexing) 기술은 상향과 하향 회선의 실현 방법으로 FDD, TDD가 있음
- FDD는 별개의 주파수를 분할하여 이중 채널을 구성하는 기법
- TDD는 별개의 시간을 분할하여 이중 채널을 구성하는 기법

86.2 FDD(Frequency Division Duplexing)
(1) 개념
- 양방향 통신을 위해 상향과 하향에 서로 다른 주파수 대역을 할당하는 방식
- 서로 다른 주파수 대역을 사용하므로 상호간의 간섭은 적으나 TDD에 비해 2배의 주파수 대역을 필요로 함
- 보호 대역이 존재하며, 발진 주파수 안정도가 좋아야 함

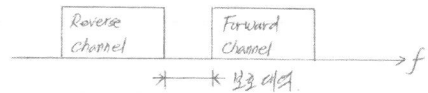

(2) 고려사항
- IMD 영향을 최소화하기 위해 5차 고조파 범위를 넘어서 채널을 할당해야 함
- Cellular의 경우 Duplex 간격은 45㎒, PCS는 90㎒로 7차 고조파 범위에 있으나 간섭 전력이 미약하여 IMD 영향은 미미함

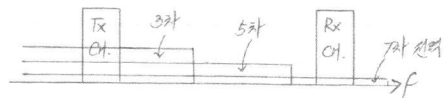

86.3 TDD(Time Division Duplexing)

(1) 개념

- 동일한 주파수 대역에서 시간적으로 상향과 하향 채널을 교대로 배정하는 양방향 전송방식
- FDD 방식보다 주파수 사용 효율을 증대시킬 수 있음
- 상·하향 주파수가 동일하여 채널상태 추정이 용이하므로 MIMO, SMART 안테나 등의 개념을 효과적으로 도입 가능

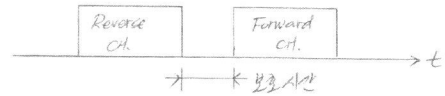

(2) 고려사항

- 타임 슬롯의 동적 할당으로 상·하향 채널의 트래픽이 비대칭인 서비스에 대해서 유연한 채널 할당이 가능함
- 반면, FDD와 대비하여 간섭에 대한 영향을 더욱더 고려해야 함
- Half Duplex로 동작하므로 수신 시간 동안 송신기가 동작하지 않아 전력소모를 줄일 수 있음(이동단말의 배터리 수명 연장 및 크기 감소)

86.4 FDD와 TDD 비교

항 목	TDD	FDD
상하향 간섭제거	보호 시간	보호 대역
비대칭트래픽적응성	유연한 할당 가능	유연한 할당 불가능
링크 버짓	FDD 대비 3dB 감소	TDD 대비 3dB 증가
채널 기억성	채널 추정 및 Link Adaption 유리	Link Adaption 위해 채널정보 필요
핸드오프 지원	복잡	간단
유리한 MA	TDMA, OFDMA	CDMA
적용 시스템	WiBro : OFDMA/TDD	2G, 3G : CDMA/FDD

87. IMD(Inter Modulation Distortion)

87.1 개요
- 모든 비선형 소자를 거친 신호는 소자의 비선형성에 의해 출력에 원하지 않는 신호가 발생
- IMD는 앰프의 비선형 특성에 의해 생기는 왜곡 특성이 출력에 나타나는 현상
- 입력신호가 낮을 때는 입력 대비 출력신호의 이득이 일정하나 입력신호가 커질 경우 앰프가 포화되어 이득이 조금씩 떨어지는 현상이 발생

87.2 IMD
(1) 개념

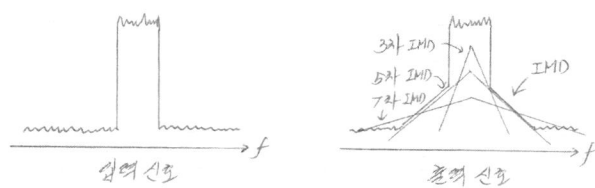

- 앰프의 비선형 특성을 나타내는 것으로 입력신호가 서로서로 영향을 주어 주파수 스펙트럼에서 스퓨리어스 성분이 크게 보이는 현상이 나타남

(2) 다항식 표현
- 앰프 입력신호를 $x(t)$, 출력신호를 $y(t)$라 하면,
$$x(t) = \cos\omega_1 t + \cos\omega_2 t$$

$$y(t) = ax(t) + bx^2(t) + cx^3(t) + dx^4(t) \cdots$$
- 위의 수식을 풀고 BPF를 통과하면,
  - ▶ 3차 항은 $2f_1 \pm f_2$, $2f_2 \pm f_1$ 성분이 영향을 미침
  - ▶ 5차 항은 $3f_1 \pm 2f_2$, $3f_2 \pm 2f_1$ 성분이 영향을 미침
  - ▶ 7차 항은 $4f_1 \pm 3f_2$, $4f_2 \pm 3f_1$ 성분이 영향을 미침
- IMD 출력의 홀수 항은 대역 내 스펙트럼에 영향을 주게 됨

(3) 특징
 − 우수차 항은 입력신호와 주파수 이격거리가 멀어 대역 내 영향이 적음
 − 기수차 항은 입력신호와 주파수 이격거리가 인접하여 대역 내 영향이 큼
 − 실질적으로 문제를 야기하는 IMD 성분은 입력신호대역 근처에 존재하는
   $2f_1 - f_2$, $2f_2 - f_1$의 두 신호 성분
 − FDD Duplex 설계 시 5차 항을 초과해서 주파수 이격거리를 두어야 함

87.3 IMD 현상

 (1) AM-AM
 − 입력신호의 진폭에 따라 출력의 진폭 특성이 변하는 현상

 (2) AM-PM
 − 입력신호의 진폭에 따라 출력의 위상이 변하는 현상

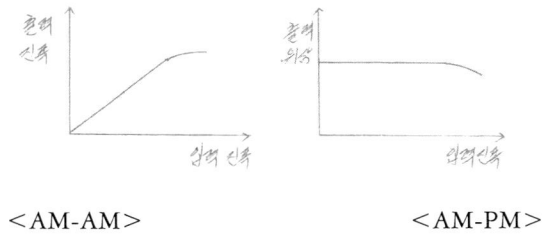

<AM-AM>　　　　　　　　　　<AM-PM>

87.4 IMD의 시스템 영향

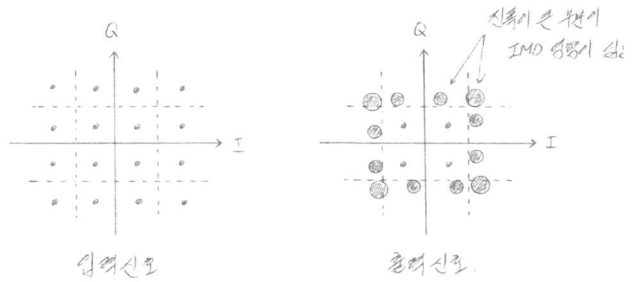

217

- IMD는 진폭이 클수록 왜곡이 심해져 진폭잡음 및 위상잡음이 발생

87.5 IMD 극복 방안

(1) Pre-distortion

- 앰프의 왜곡 특성과 반대되는 왜곡 곡선을 사전에 사용

(2) Feed-forward

- 신호를 예측하여 왜곡 상쇄

(3) Feed-back

- 앰프 출력을 피드백하여 상쇄

※ 참고

IMD는 앰프의 증폭 왜곡에 의해 발생되어 신호의 품질을 열화시키고 Multi-carrier 변조방식인 OFDM 방식 등에 더욱 큰 영향을 주게 된다. 따라서 OFDM 방식을 사용하는 4G 이동통신 등에서는 IMD의 감소 기법인 앰프 선형화 방식이 더욱 중요시 된다.

---

88. PIMD(Passive IMD)

88.1 개요

- 이동통신시스템 등에서 한 개의 안테나로 여러 FA 또는 여러 대역의 서비스를 통합하여 사용할 경우 Passive 소자에서 발생하는 IMD가 문제
- PIMD는 고출력을 다루는 커넥터, 필터, 안테나 등의 수동소자에서 발생되는 IMD
- 예측이 불가하고 측정이 어려워 문제를 정확히 판단하기 곤란

88.2 PIMD

(1) PIMD의 시스템 영향

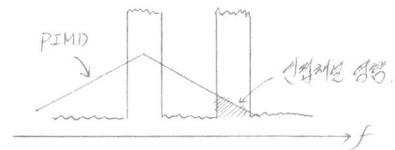

- PIMD는 자기신호의 왜곡뿐 아니라 인접채널에도 영향을 미치므로 문제가 심각
- 장비 내에서 발생하는 IMD는 서비스사업자 내 출력 필터에서 억압이 가능하나 PIMD는 장비 외부에서 발생하기 때문에 타 서비스 영향을 억제할 수 없음

(2) PIMD 발생 장소
- RF 커넥터
- 공진필터
- 전송로
- 안테나 등

88.3 PIMD 영향과 대책

- PIMD가 적게 나타나면 문제가 되지 않으나 PIMD가 심각하면 통화품질 저하뿐 아니라 Call-Drop도 발생

- 이동통신 기지국이나 중계기 장비 이후의 Passive 소자에서 발생되는 IMD로 예측이 불가하고 측정조차 어려워 문제를 정확히 판단하기 어려운 실정
- 모든 고출력 RF부품들의 PIMD가 우선 측정되어 장비사에 공급되어야 할 것임

※ 참고

예를 들어 $f_1 = 822\text{MHz}$, $f_2 = 824\text{MHz}$를 사용하는 이동통신시스템 기지국의 장비 외부에서 PIMD가 발생하면 $2f_2 - f_1$에 해당하는 826MHz는 수신 품질이 저하되어 Call-Drop 등의 원인이 된다.

89. Coherent Bandwidth(상관 대역폭)

89.1 개요
- 다중경로 환경에서 전파의 평균 지연시간에 따른 페이딩이 시스템 대역 내에 영향을 미치게 됨
- 상관 대역폭은 두 개의 주파수가 유사한 페이딩 영향을 받을 수 있는 주파수 대역폭
- 무선통신의 필요 대역폭을 결정하는 중요한 참고요소

89.2 상관 대역폭
(1) 개념
- 주파수 영역에서 분석하면 두 개의 Notch 주파수 간격이 상관 대역폭

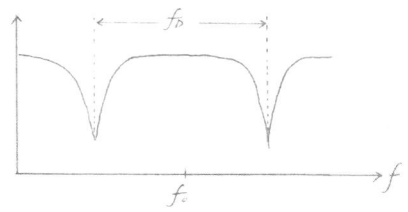

- 상관 대역폭 $f_D = \dfrac{1}{2\pi D}$, D: Delay Spread

(2) 특징

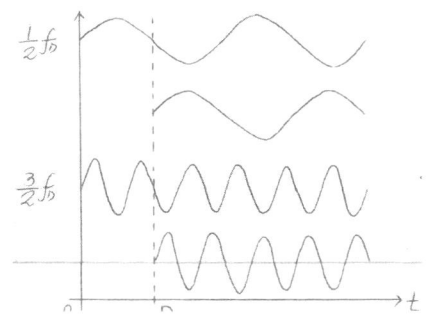

− 두 개의 주파수가 같은 시간지연 특성으로 지연되었을 때, 원 신호와 반사된 신호의 합이 '0'이 됨

89.3 상관 대역폭과 페이딩 관계

(1) 상관 대역폭 > 시스템 대역폭
− Flat Fading으로 페이딩의 영향은 신호의 진폭과 위상만 변하여 SNR 영향은 적음

(2) 상관 대역폭 < 시스템 대역폭
− Frequency Selective Fading으로 페이딩 영향에 의해 잡음레벨이 커져 SNR 영향이 큼

89.4 상관 대역폭에 대한 페이딩 극복 방안
− 상관 대역폭에 대한 Notch 페이딩 극복 방안은 변조방식마다 다름

(1) Single Carrier(QPSK, QAM)
− 등화기를 이용하여 페이딩에서 생기는 ISI를 극복

(2) CDMA, WCDMA
− Rake Receiver에 의해 서로 지연된 신호를 복조하여 페이딩 극복

(3) OFDM
− Guard Interval을 이용하여 페이딩 영향을 극복

※ 참고

상관 대역폭은 무선통신의 필요 대역폭을 결정하는 중요한 요소로 시스템 대역폭이 상관 대역폭을 넘을 경우 ISI를 발생시킨다.
OFDM 변조방식을 사용하면 상대적으로 협대역 시스템으로 운용이 가능하고, 또한 스마트 안테나 기술을 도입한다면 상관 대역폭 문제를 더욱 극복할 수 있으며, 상관 대역폭이 무선통신의 대역폭 대비 어느 정도 비율인지를 가지고 주파수 간 간섭이 통신에 어느 정도 영향을 미치는지 파악할 수 있다.
예를 들면, IS-95 시스템의 경우 도심지에서 $3\mu s$의 지연확산을 갖는다면 상관 대역폭은 53KHz로 전체 1.25MHz 대역의 4.2% 정도를 점유하므로 통신에 미치는 영향은 미미하다.

90. Friis 전력전송 방정식(자유공간 전파손실)

90.1 개요
- 무선통신시스템 설계에 있어서 송신전력, 서비스 범위 등의 파라미터 결정을 위해 전파손실을 예측하는 것은 중요한 사항
- Friis 전력전송 방정식은 자유공간을 통해 전파되는 신호에 대한 전파손실 모델
- 송수신기 사이에 명확하게 LOS(Line Of Sight)가 성립될 때의 수신신호의 세기를 예측할 때 사용

90.2 Friis 전력전송 방정식
(1) 개념

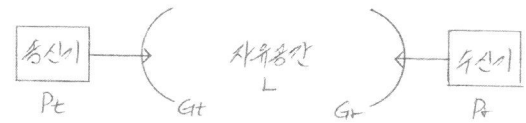

- 자유공간 전파는 송신기와 수신기 사이에 장애물이 존재하지 않고 LOS를 따라서 전파가 전파될 때임
- 자유공간 전파손실은 전자파가 자유공간을 퍼져 나가면서 전자파 에너지가 흡수 또는 산란 등에 의해서 신호의 세기가 점점 약해지는 전자파 복사 손실

(2) 수신전력
- P_t의 송신전력으로 복사된 전파가 이상적인 진공매질 상태에서 d만큼 떨어진 지점에서의 수신전력 P_r는

$$P_r = P_t \cdot G_t \cdot G_r \cdot \left(\frac{\lambda}{4\pi d}\right)^2$$

(3) 자유공간 손실
- 송신전력 P_t에 대한 수신전력 P_r의 비를 계산하면 자유공간 손실 L을 알 수 있음

$$L = \left(\frac{4\pi d}{\lambda}\right)^2$$

(4) dB 표현식

- $P_r[dBm] = P_t[dBm] + G_t[dB] + G_r[dB] - L[dB]$

- $L[dB] = 20\log\left(\dfrac{4\pi d}{\lambda}\right)$

90.3 자유공간 손실 특성

- 송수신점 간의 손실은 거리 d^2에 비례하여 커짐
- 자유공간에서의 손실량은 이론적으로 가장 감쇠가 적은 것을 나타냄

90.4 M/W 대역에서 자유공간 손실 계산

- GHz 적용 시, $L[dB] = 92.45 + 20\log f[GHz] + 20\log d[km]$
- MHz 적용 시, $L[dB] = 32.45 + 20\log f[MHz] + 20\log d[km]$

※ 참고

Friis의 자유공간 손실공식에 관한 전력전송 방정식은 무선통신시스템의 설계와 해석에 적용하며 특히, 위성 통신시스템과 M/W 가시거리 무선링크와 같은 대표적인 자유공간 전파모델의 수신신호의 세기를 예측할 때 사용한다.
실제의 전파 특성은 자유공간 손실보다 항상 큰 경로손실을 가지게 된다.

---

91. Fade Margin(수신의 여유도)

91.1 개요

- 실제 전송로는 각종 Fading이나 기타의 영향으로 인해 수신 전계강도가 수시로 변하므로 양호한 품질의 신호를 수신하기 위해서는 수신입력에 여유를 두어야 함
- Fade Margin은 설계된 통신망이 갖는 통계적 신뢰도를 평가하기 위한 값들을 정하는 것
- 송수신 양단 간에 경로손실을 고려하고도 충분한 Fade Margin이 생기도록 엔지니어는 설계를 해야 함

91.2 Fade Margin

(1) 개념

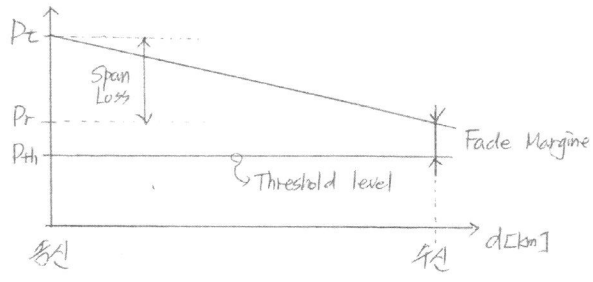

- 수신기의 입력 한계레벨(P_{th})로 신호가 수신되면, 수신이 가능해야 하지만 실제 전송로의 각종 영향(Fading, 강우 등)으로 수신 입력에 여유
- 즉, Fade Margin을 두어야 함

$$\text{Fade Margin} : F.M[\text{dB}] = P_r[\text{dBm}] + P_{th}[\text{dBm}]$$

(2) Fade Margin을 고려한 수신전력

$$P_r[\text{dBm}] = P_{th}[\text{dBm}] + F.M[\text{dB}]$$

임베스트
정보통신기술사
통신이론편

초 판 인 쇄 ㅣ 2013년 7월 5일
초 판 발 행 ㅣ 2013년 7월 5일

지 은 이 ㅣ 임호진·임병광·윤성한
펴 낸 이 ㅣ 채종준
펴 낸 곳 ㅣ 한국학술정보㈜
주　　　소 ㅣ 경기도 파주시 문발동 파주출판문화정보산업단지 513-5
전　　　화 ㅣ 031) 908-3181(대표)
팩　　　스 ㅣ 031) 908-3189
홈 페 이 지 ㅣ http://ebook.kstudy.com
E - m a i l ㅣ 출판사업부　publish@kstudy.com
등　　　록 ㅣ 제일산-115호(2000. 6. 19)

ISBN　　978-89-268-4388-8 13560 (Paper Book)
　　　　978-89-268-4389-5 15560 (e-Book)

이담 ⌂⌂⌂ 는 한국학술정보(주)의 지식실용서 브랜드입니다.